气候变化导致的海平面上升对珠江口水资源的影响研究

孔 兰 陈晓宏 蒋任飞 著

黄河水利出版社

·郑州·

内 容 提 要

本书以易受海平面上升影响的珠江口地区为研究区,在系统分析评价变化环境下珠江口水资源的基础上,辨析了珠江口咸潮与影响因素的响应规律,揭示了咸潮上溯对海平面上升的响应规律,分析了珠江口地区各个城市水资源供需平衡,识别了海平面上升对珠江口代表站年平均水位变化的贡献率,揭示了珠江口水位对海平面上升的响应机制和规律,构建模型对海平面上升影响下的珠江口最高洪潮水位进行了预估,提出了应对海平面上升对珠江口水资源影响的具体措施。

本书可供水利和水利工程、气候及气象、生态和资源环境、海洋、农业、交通工程等专业研究人员、高等院校师生以及水利、市政、交通、农业、气象等部门的工程技术人员和政府决策部门的行政管理人员参考。

图书在版编目(CIP)数据

气候变化导致的海平面上升对珠江口水资源的影响研究/孔兰,陈晓宏,蒋任飞著.—郑州:黄河水利出版社,2018.8

ISBN 978 - 7 - 5509 - 2116 - 0

Ⅰ.①气… Ⅱ.①孔…②陈…③蒋… Ⅲ.①海平面变化 - 影响 - 珠江三角洲 - 水资源 - 研究 Ⅳ.①TV213.4

中国版本图书馆 CIP 数据核字(2018)第 198587 号

出 版 社:黄河水利出版社
　　　　　地址:河南省郑州市顺河路黄委会综合楼 14 层　邮政编码:450003
发行单位:黄河水利出版社
　　　　　发行部电话:0371 - 66026940、66020550、66028024、66022620(传真)
　　　　　E-mail:hhslcbs@126.com
承印单位:河南瑞之光印刷股份有限公司
开本:787 mm×1 092 mm　1/16
印张:10.5
字数:240 千字　　　　　　　　印数:1—1 000
版次:2018 年 8 月第 1 版　　　　印次:2018 年 8 月第 1 次印刷

定价:39.00 元

序

　　气候变化导致的海平面上升对河口区水资源的影响，已经成为全球重要的环境问题，是全球科学界的研究热点之一。地势低平、人口密集、经济发达的长江三角洲、珠江三角洲的城市群是最脆弱的地区，易受海平面上升影响，存在洪灾、海水入侵、土地侵蚀流失、强热带风暴的威胁，就算是轻微的海平面上升，也会带来严重破坏。全球气候变暖导致海平面加速上升，我国平均海平面上升速度比全球平均速度更快，据中国国家海洋局预测，我国平均海平面到2050年时将比2001年升高13～22 cm。海平面上升会加剧河口区咸潮、风暴潮、水污染、排洪困难等，并严重威胁沿海城市枯季的供水安全。为了预防海平面上升带来的巨大危害，各国政府已采取措施，保护沿海地带。我国沿海地区，特别是长江、珠江三角洲地区，应及早采取必要的措施，防患于未然。

　　2016年珠江口地区9城市常住人口5 998.49万人，城镇人口为5 113.90万人，城镇化率达到85.25%，城镇化水平较高，国内生产总值（GDP）为60 731.97亿元，三次产业结构比例为1.8∶42.2∶56.0，第三产业占的比重最大。党的十九大报告提出"以粤港澳大湾区建设、粤港澳合作、泛珠三角区域合作等为重点，全面推进内地同香港、澳门互利合作"，赋予了粤港澳大湾区新时代下的新使命，并为"9＋2"（珠江口广州、深圳等9城市和香港、澳门）的世界级城市群发展带来千载难逢的历史机遇。珠江口地区将打造国际一流的大湾区——粤港澳大湾区，成为高度繁荣发达的世界级城市群以及中国新的经济增长极。

　　咸潮威胁是近些年对珠海市、中山市、澳门等城市供水的最大心腹之患。据统计，枯水期上游来水量减少，造成珠江口磨刀门、鸡啼门和虎跳门水道取水口普遍受到咸潮的影响。海平面上升将增加珠江口咸潮影响的范围和时间，严重威胁珠江口枯季的供水安全，存在显著的季节性缺水问题，供水形势更加严峻。海平面的上升增强了潮水顶托作用，入海河流排水流量和排水时间都将大量减小，从而造成河道排水困难，低洼地带排水不畅，内涝积水时间延长，加剧了洪涝灾害。由于三角洲地区经济的快速发展，城市污水管网建设滞后，老城区雨污混流较为普遍，城市部分污废水未经过处理直接排入排洪渠和排海河流。现有排污口高程较低，随海平面的上升，潮流界将上移，污水长期回荡，不利于污水自净和排泄外海，甚至在潮汐的作用下，出现倒灌现象，加剧珠江口河网区的水质污染，恶化城市水环境，这样更加重了珠海市主城区及澳门咸潮期的供水压力。

　　本书作者近些年来对海平面上升对珠江口水资源的影响研究成果进行了系统总结，取得了本领域一些创新性成果，主要包括利用坐标分布熵法、集对分析、非参相关分析法等方法对比研究了珠江口咸潮与各影响因素的响应，辨析了珠江口咸潮与影响因素的响应规律；利用一维动态潮流含氯度数学模型，模拟海平面上升对咸潮上溯的影响，揭示了咸潮上溯对海平面上升的响应规律；通过聚类分析等多种成熟的方法揭示了珠江口水位对海平面上升的响应机制和规律；构建模型对海平面上升影响下的珠江口最高洪潮水位进行了预估。研究气候变化导致的海平面上升对珠江口水资源的影响,揭示海平面上升的影响规律,提出应对海平面上升影响的具体措施,为有效控制和减轻海平面上升对河口区水资源的不利影响具有重要意义。书中的一些新理念、新方法还将对深入研究海平面上升对其他河口区水资源的影响问题、预防海平面上升危害、防洪减灾、确保供水安全等提供参考。

前　言

　　气候变化导致的海平面上升对沿海地区构成极大的威胁,海平面上升已经成为全球重要的环境问题,受到高度重视。海平面上升会加剧河口区咸潮、风暴潮、水污染、排洪困难等,并严重威胁沿海城市枯季的供水安全。为了有效控制和减轻海平面上升对河口区水资源的不利影响,本研究在分析评价变化环境下珠江口水资源的基础上,利用坐标分布熵法、集对分析理论、数学模型、灰色系统理论、主成分分析法、层次聚类分析法、Mann-Kendall趋势检验法、统计分析法等方法,分析了海平面上升对珠江河口区咸潮、水位、供水等方面的影响。本研究具有重要的理论意义和应用价值。

　　主要研究内容及成果如下:

　　(1)辨析了珠江口咸潮与影响因素的响应规律。利用坐标分布熵法、集对分析、非参相关分析法等方法对比研究了珠江口咸潮与各影响因素的响应规律。结果显示,珠江口咸潮的主要影响因素为流量、最低潮位和海平面,潮差、风级与咸潮相关性较小,为次要影响因素;平岗泵站咸潮对流量的敏感性大于联石湾水闸,联石湾水闸与海平面、最低潮位、潮差和最高潮位的敏感性大于平岗泵站,说明越靠近河口区的取水点,咸潮对潮汐、海平面变化越敏感。

　　(2)揭示了咸潮上溯对海平面上升的响应规律。利用一维动态潮流含氯度数学模型,模拟了海平面上升对咸潮上溯的影响,并详细计算了代表口门在海平面上升10 cm、30 cm和60 cm的情景下,咸度界线的具体上移距离。结果显示,模型模拟的250 mg/L咸度界线随着上游来水频率的增大,咸潮上溯距离明显增大;一定上游来水条件下,随着海平面的上升,咸度界线向上游方向移动显著。

　　(3)分析了珠江口地区西江、北江和东江水系水资源变化趋势及成因,探讨了水质与环境生态现状,评价了水资源开发利用现状,提出了珠江口地区水质型缺水、资源型缺水等现状缺水问题,计算了各个城市水资源供需平衡分析结果和供水历时保证率及缺水量。

　　(4)识别了海平面上升对珠江口代表站年平均水位变化的贡献率。利用灰关联法分析了代表站——灯笼山站年平均水位与流量、海平面、潮差等因素的关系,计算结论显示,各因素对年平均水位均产生显著影响,其中海平面变化是年平均水位的重要影响因素。选取灰关联度较大的6个指标进行主成分分析,结果表明,影响珠江口年平均水位的第一主成分为径流潮汐作用,第二主成分的代表因素为海平面上升。海平面上升对灯笼山站年平均水位的影响虽然弱于径流潮汐作用,但其影响也是显著的。

　　(5)通过多种成熟的方法揭示了珠江口水位对海平面上升的响应机制和规律。海平面上升对珠江三角洲代表站的年平均水位和年最低水位的影响大于对年最高水位的影响;海平面上升对马口站和三水站水位的影响小于河床下切与径流的影响;海平面上升对珠江河口区水位的影响由三角洲深处向口门区有增强趋势。

　　(6)构建模型对海平面上升影响下的珠江口最高洪潮水位进行了预估。最高洪潮水位对经济发达的珠江口地区构成极大的威胁，给生活和建设带来不同程度的破坏与损失。通过对代表站——灯笼山站和横门站最高洪潮水位系列进行回归模型分析，得出增加幅度。在对珠江口地区海平面上升进行预测的基础上，预估了在2050年50年一遇的最高洪潮水位。

海平面上升会增加河口区咸潮影响的范围和时间，抬高水位，加重水域污染，严重威胁珠江口地区的城市供水安全，据此提出了应对海平面上升对珠江口水资源影响的具体措施。

本书得到了中国科学研究院、中国水利水电科学研究院、中山大学、水利部珠江水利委员会、中水珠江规划勘测设计有限公司、珠江流域水资源保护局、珠江水利科学研究院、广东省水文局等单位许多教授的宝贵修改意见，使本书质量得以全面提高。本书得到国家自然基金项目"珠江三角洲河口区海平面上升咸潮上溯的水资源响应与调控"（51479216）、水利部公益性行业科研专项经费项目"珠江三角洲典型水网区水资源调度技术研究"（201401013）、国家自然基金重点项目"珠江三角洲区域水文特征变异及其水资源响应量化研究"（50839005）、中国科学院学部咨询课题"气候变化对水资源与生态安全的影响及其适应对策"第七子题"气候变化对珠江流域水资源的影响与适应对策"、"中山大学优秀研究生导师逸仙创新人才培养计划"、中水珠江规划勘测设计有限公司科研项目等基金的资助，在此，作者一并表示衷心的感谢。

本书收集了大量的观测和调研资料，参考文献也较多，书中难免存在谬误之处，敬请读者见谅和指正。

作 者
2018 年 3 月

目 录

第 1 章 绪 论

1.1 研究背景及其意义

1.1.1 研究背景

全球气候变暖导致了海平面加速上升,给人类的生存环境造成巨大威胁,作为全球重要环境问题的海平面上升,越来越受到重视,各国政府和许多科学家已经高度关注海平面上升问题(Vivien et al,2014;程和琴 等,2016;李响,2015)。由于海平面上升是一个缓慢而持续的过程,对社会、经济及资源、环境的影响可能是长久和深远的,其长期累积的结果将对沿岸地区构成严重威胁。1989 年美国科学院院长 Frank Press 指出:"海岸带管理应当考虑将来海平面上升"。作为海洋大国的中国,岛屿岸线和大陆岸线长分别为 1.4 万 km 和 1.8 万 km,广阔的河口三角洲和滨海平原位于我国大陆沿海地区。我国大约有 50% 的人口和 70% 的大城市集中在东部沿海地区。沿海地区的优势表现在:吸引外资多、经济活跃、经济总量大。但是在人类活动和自然条件的耦合作用下,各种灾害频繁发生,特别是气候变化导致的海平面上升问题,在我国沿海地区的自然环境和社会经济发展方面已经产生了众多不利影响。1988 年,联合国环境规划署(UNEP)和世界气象组织(WMO)为了能更好地应对海平面上升这一全球性重要环境问题,成立了政府间气候变化专业委员会(IPCC),对全球温室气体的变化、气温的变化以及海平面的变化进行了分析和预测,这些研究使联合国在制定各协约国的共同协议时有了诸多科技支撑;IPCC 曾于 1995 年、1999 年、2001 及 2007 年发布过评估报告,分析、预测了温室气体、气温以及海平面的变化。国际地圈生物圈计划(IGBP)主要研究全球变化,其中的一个专门课题是近岸海陆相互作用(LOICZ),并且海平面变化就是 LOICZ 中 4 个核心问题之一。

河口是河流与海洋的交汇地区,同时受河流和海洋的双重作用。目前,河口地区是人类文化、社会经济活动的中心地带之一;世界上许多大城市都位于河口海岸区,如纽约、伦敦、彼得堡、布宜诺斯艾利斯、开罗、新奥尔良、天津、上海、广州、香港等。河口咸潮上溯是河口最主要的动力过程之一,潮汐河口咸潮周期性的活动规律,对城市工业布局及发展、居民生活用水和市郊农业灌溉用水都有着相当重要的影响。城市工业用水咸度标准因部门的不同而有差异;如钢铁厂和味精生产要求咸度不能超过 20 mg/L,电厂锅炉用水要求咸度在 300 mg/L 以下。世界卫生组织规定生活饮用水中氯化物浓度低于 200 mg/L,最高不超 600 mg/L;我国规定生活饮用水中氯化物浓度低于 250 mg/L;长期饮用高含氯化物的水,易患高血压和肾脏病。一般农业灌溉用水要求氯化物低于 1 100 mg/L,水稻育秧期则要求氯化物含量低于 600 mg/L。由此可见,氯化物含量过高会给人体健康和工农业生产带来严重危害。

珠江河口区是我国沿海经济高速发展的地区之一,党的十九大报告提出"以粤港澳大湾区建设、粤港澳合作、泛珠三角区域合作等为重点,全面推进内地同香港、澳门互利合作"。"粤港澳大湾区"城市群包括广州、佛山、肇庆、深圳、东莞、惠州、珠海、中山、江门、香港、澳门 11 个城市,2016 年常住人口 6 797 万人,GDP 为 85 957 亿元,但因其地势低平、河网纵横、人口密集、城镇集中、防洪标准普遍偏低,成为我国未来海平面上升影响的主要脆弱区之一。海平面上升将使珠江河口区河道水位抬高,最高潮水位仅抬高数十厘米就会带来巨大的实际影响。据黄镇国(2000)计算,在海平面上升 0.3 m 的条件下,珠江口高潮水位在影响最大区抬升幅度为 25 ~ 35 cm。由于最高水位抬高,在影响最大区,现今 10 年一遇的最高水位将达到 50 年甚至 100 年一遇的高度,即要提高 2 ~ 3 级防洪标准来设防。如果未来海平面上升 0.3 m,以广州、黄埔、灯笼山、三灶为例进行计算,则 100年、200 年、1 000 年一遇高水位的出现频次将均增加约 5 倍,若海平面上升 100 cm,100 年一遇以上的高水位出现频次将均增加 50 倍,影响后果将十分严重。潮水位超过 1 m,称为严重潮灾。如果海平面上升 0.3 m,低潮水位也将抬高,特大洪水年在影响最大区升幅为 12 ~ 32 cm,影响较大区和较小区为 2 ~ 8 cm。海平面上升 0.3 cm,潮差增大,其增幅在影响最大区为 20 cm,影响较大区和较小区为 15 cm。

综合上述分析,全球气候变化背景下,海平面上升对珠江口水资源的影响日益突出,迫切需要研究珠江口水资源对海平面上升的响应规律。本书以珠江三角洲典型河口为例开展气候变化导致的海平面上升对珠江口水资源的影响研究,为珠江口地区水资源的合理开发利用以及防灾减灾提供科学依据。

1.1.2　研究意义

气候变化引起的海平面上升对沿海国家和地区构成极大的威胁,造成不同程度的破坏和损失。通过监测发现,海平面上升导致的一系列灾害和环境效应在我国沿海地区已经发生,海平面上升还将加剧沿海地区的咸潮上溯和滩涂损失、风暴潮灾害,降低防洪设施的防御能力,影响城市排水和供水系统。并且海平面上升导致的海岸侵蚀和海水入侵,给沿海地区的社会经济可持续发展带来了严重威胁。据统计,人口密度在沿海地区比内陆约大 10 倍,据荷兰学者计算,苏北到杭州湾一带在海平面上升 50 cm 的情景下就会淹没土地 800 多 km²。最高潮位随海平面上升会明显升高,1992 年 9 月 1 日天津塘沽出现高出历史最高潮位 26 cm 的 5.98 m 最高潮位;同时,青岛出现高出历史最高潮位 12 cm的 5.48 m 最高潮位。在辽宁、天津、河北、山东和江苏等省(市)都因海平面上升发生过程度不同的海水入侵,导致地下"水灾"危害严重(杜凌,2005)。

河口区咸潮上溯主要受径流和潮流的影响。从长远来看,地面沉降和海平面的上升会加剧河口区的咸潮上溯。海平面上升将使咸潮深入,水质碱化。现代化的生产和生活需要大量的淡水,珠江三角洲河口区虽然水资源丰富,但是每当涨潮、咸潮上溯时,水质碱化,严重影响一般工农业生产和居民生活。例如,据珠江水利委员会统计,1988 年珠江三角洲沿海经常受咸害的农田有 68 万亩❶;1955 年春旱,咸潮上溯使滨海地带受咸面积达

---

❶　注:1 亩 = 1/15 hm²,下同。

138 万亩之多。2003 年 10 月,珠海市几个主要自来水厂取水泵站受到咸潮袭击,因水源咸度高而相继停止抽水。近年来,珠江三角洲河口区咸潮上溯的现象频繁出现,其出现的次数和影响的范围呈现日益严重的态势,2009～2010 年枯季尤为突出,珠江三角洲遭遇了 20 多年来最严重的咸潮灾害,显著的特点是出现早、来势猛、持续时间长、影响大。

在珠江口地区,海平面上升会使潮流顶托作用加强、河道水位抬高、河道排水不畅,从而妨碍污水的排放和洪水的下泄。河口地区,风暴潮灾害是造成财产损失和人员伤亡最大的自然灾害。目前,海平面上升所带来的最大动态就是各项潮汐特征值的增加,从而导致风暴潮位的提高以及风暴潮发生频率的增加。海平面上升后,风暴潮潮位升高,潮位的重现期缩短,如无相应的防灾措施,必将加剧风暴潮的灾害。

因此,加强气候变化导致的海平面上升对河口区水资源影响方面的研究,是我们所面临的重要科学问题,对沿海地区工农业生产用水和居民生活用水的总体规划、人民的生命财产安全、社会经济的可持续发展等具有重要的理论和实践意义。

1.2　国内外研究进展

1.2.1　河口的含义

河口区的范围大小取决于对河口区的定义。河口是指河流的尾闾地区,广义的河口是指河流与受水体的结合地段。根据受水体的不同,河口可分为入海河口、入湖河口、入库河口和支流河口等。狭义的河口则仅指入海河口,亦称潮汐河口,本研究所讨论的是狭义的河口,即潮汐河口。

目前对河口的定义主要有:

(1)20 世纪 50 年代初期,苏联学者萨莫伊洛夫在其综合性的有系统理论的专著《河口》中表述:河流及其受水体相结合的部分为河口。河流、水库、湖泊或海洋可能是受水体,所以依据不同的受水体,又可将河口划分为支流河口、入库河口、入湖河口和入海河口等。位于海洋和河流之间过渡带的入海河口包括河流下游的河谷、毗连的海滨和沿海地带。由于增水或潮汐引起的水位变化影响消失的断面为河口上界,由于河流泥沙形成的沿岸浅滩的外边界为河口下界,径流至河口下界实际上已消失了活力。依据海洋情势与河流情势的优势情况,萨莫伊洛夫将河口区划分为口外海滨段、河流河口段和河流近口段。萨莫伊洛夫的定义对后来人们对河口的认识影响深远。

(2)美国学者普里查德(Pritchard)在 1967 年提出河口的定义:河口湾系半封闭的海岸水体,可以与外海自由联系,来自流域的淡水在某种程度上会冲淡此水体内的海水。Pritchard 的定义包括河口物理、化学指标,强调河口水流运动特性和动力受边界条件的影响,并以此区别河口与海湾、潟湖等其他水体。Pritchard 的定义在欧美广泛采用,但对河口的界限定义比较模糊,没有专门提到河口最显著的特征——潮汐。

(3)生物学上的河口定义由 Ringuelet 首次提出,他认为河口应该能够维持盐度结构的平衡,从而成为广盐性物种的栖息地。

(4)Day(1980)认为,河口是部分封闭的,永久性或间歇性与开阔的海洋相通,由于海水和来源于陆地的淡水混合,从而盐度有一定程度变化的海岸水体。这一河口定义得到生物及化学领域的普遍认可。

(5)钦佩等(2004)认为,河口是一个独特的自然地理系统,由于河口的营养物质丰富,生物生产力大,生态环境多变迁,从而一直是生物及化学领域的课题之一。

(6)沈焕庭等(2003)认为,由潮区界下移到潮流界作为河口区的上界更为合理,并定义河口是河流与受水体相互作用的地区。根据河流与海洋相互作用的优势程度,可将入海河口的河口区分为3段:河流近口段、河口段和口外海滨段。河流近口段以河流特性为主,口外海滨段以海洋特性为主,河口段则是河流因素和海洋因素强弱交替的相互作用地带,有独特的性质。河口区的上段为潮流界至盐水入侵界,上段河流作用占优势;河口区的中段为盐水入侵界至涨落潮流优势转换界,中段的河流作用与海洋作用势力相当,此段在河口区中最复杂,也最能体现河口地区的本质属性;河口区的下段海洋作用占优势,主要从涨落潮流优势转换界到河流泥沙向海扩散形成的水下浅滩或三角洲的外边界。河口区的下段和中段易发生盐水入侵。

1.2.2　全球海平面上升的研究进展

在13万~12万年以前的上一个间冰期,全球平均气温比现在高3 ℃左右,海面比现在高4~8 m。自那以后,气温和海面开始下降,直到距今约1.8万年时的年平均气温甚至比现在低8 ℃,海面比现在约低100~120 m,该时期即末次冰期极盛期。距今1.8万年以来,全球气温和海面转为上升,在距今7 000~6 000年时,气温回升到如今的水平(或略高),全球海平面也达到现今高度(见图1-1)。但上述变化过程尤其是文献的结论有待进一步考证。

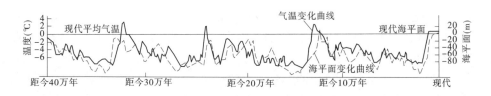

图1-1　40万年以来全球气温和海平面变化曲线

在漫长的地质时期,海平面上升表现为海侵,海平面下降期则为海退。近百年来表现为海侵期,在20世纪70~90年代海侵特别明显。由于一般以固定在陆地上的水准点作为潮位数据的基准,而陆地的运动会使这些水准点发生升降运动,且这种垂直升降运动的量级与海平面长期变化相同,因此可以将海平面分为相对海平面和绝对海平面。大致可以利用验潮站资料和卫星高度计资料研究海平面变化规律。验潮站数据的水准点随陆地的运动发生垂直升降运动,所以利用验潮站资料得到的海平面是相对海平面;相对于理想的地球椭球体而言的海平面为绝对海平面。在区域性开发建设规划中,一般相对海平面变化具有非常重要的实践意义;绝对海平面变化一般与气候变化关系密切,在当今气候与海洋研究中已得到高度关注。

全球海平面变化包含了很多过程,大致可分为两类:一是气候变暖导致的全球性的绝对海平面上升,由温室气体的排放量增加、气温升高、海水增温引起的水体热膨胀和冰盖融化所致;二是区域性的相对海平面上升,除受绝对海平面上升影响外,主要由沿海地区地壳构造升降、地面下沉等因素所致。

全球气候变暖是引起海平面上升的主要原因。1995 年联合国《全球气候变化科学评估报告》显示:由于大量使用煤、石油等化石燃料,二氧化碳等"温室气体"排放增多,自 19世纪末以来全球气温已经增加了 0.3 ~ 0.6 ℃。因为海水受热膨胀和冰川融化,海平面上升了 10 ~ 25 cm。如果不控制人类活动引起的"温室气体"排放量,可以预测 21 世纪将是全球变暖增速最快的一个世纪,预估到 2100 年,全球海平面上升值将高达 50 cm 左右。国际政府间气候变化专业委员会(IPCC)2007 年发布的第四次评估报告(AR4)指出:最近100 年(1906 ~ 2005 年)全球地表温度上升了(0.74 ± 0.18)℃,与全球气温变化趋势基本一致。中国最近几十年平均气温上升率略高于全球平均水平(见图 1-2),到 21 世纪末,全球地表平均增温 1.1 ~ 6.4 ℃。20 世纪全球海平面明显呈上升趋势(见图 1-3),根据验潮仪资料估计,1961 ~ 2003 年,全球平均海平面上升的平均速度为(1.8 ± 0.5)mm/a。通过 TOPEX/Poseidon(T/P)卫星高度计于 1993 ~ 2003 年测量得到的全球海平面上升平均速度为(3.1 ± 0.7)mm/a。IPCC 第四次评估报告根据不同的二氧化碳排放情景对 21 世纪的全球气候变化做出了预估:21 世纪末(2090 ~ 2099 年)与 1980 ~ 1999 年相比,全球气候平均变暖 1.1 ~ 6.4 ℃,全球平均海平面上升 0.18 ~ 0.59 m。

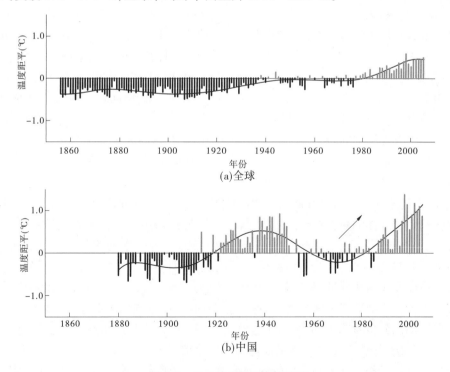

(a)全球

(b)中国

图 1-2　平均地表温度距平变化

地面沉降是相对海平面上升的重要原因,地表水抽取、地壳垂直运动等区域性和局地性因素,在某种情况下引起的地面变化率比当前估计的海平面变化率可能高 1 ~ 2 个量

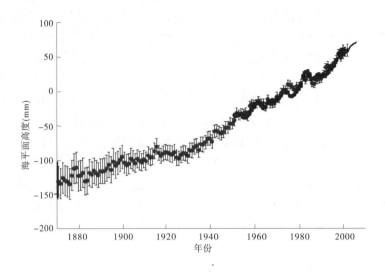

图 1-3　全球平均海平面高度变化

级。世界一些大三角洲地面沉降速率均在 6 ~ 100 mm/a 以上,是现在理论海平面上升速率的 5 ~ 100 倍。另外,对海平面的变化造成影响的因素还有气候变化(包括气压、风场等)、太阳黑子活动、大气环流、陆地河流、泥沙入海量、海洋环流、火山活动、由于板块活动引起的洋盆容积变化等。

Church et al(2006)预计全球气温到 2100 年将上升 1.4 ~ 5.8 ℃,同时全球平均海平面上升值为 9 ~ 88 cm。在 20 世纪 90 年代左右,运用全球长期验潮数据进行分析,已经发表过一些海平面变化特征的科研成果。分析表明,在 1950 ~ 2000 年,全球海平面上升平均速率为 1 ~ 2 mm/a。学者 Douglas(1997)对其 1991 年冰后期回弹模型(PGR)进行了修正,研究中利用 24 个验潮站的长期数据,分为 9 个相异的区域,计算出全球平均海平面上升的速率为(1.8 ± 0.1)mm/a。Church et al(2001)研究认为海平面上升最好的估算结果是(1.5 ± 0.5)mm/a。Peltier(1999)在研究全球海平面上升时自己开发了冰川均衡订正模型(GIA),计算得出 2.4 mm/a 为 20 世纪全球海平面上升的速率。Douglas et al(1991)认为在 20 世纪全球海平面上升值约为 20 cm,Douglas(1995)进行成因分析显示,其中冰川的融化和上层大洋的热扩张导致的海平面上升值大约为 10 cm。20 世纪 80 年代初,国内也开始研究全球海平面上升问题,如郑文振(1980)研究了平均海面的一些关键问题;高家镛等(1993)探讨了沿岸地壳升降与海平面变化的相互关系;黄立人等(1993)对全球及中国海平面变化的概况进行了综述性的研究;左军成等(1996,1997)利用灰色系统理论等分析了太平洋地区海平面的变化特征及其与厄尔尼诺现象的关系,构建了一种基于海平面随机动态分析预报和本征分析的模型,计算出太平洋海域海平面上升速率约为 1.7 mm/a,认为太平洋沿岸海平面呈加速上升的趋势。

卫星测高技术作为高效和全新的观测手段,用于全球海面变化研究,弥补了利用传统的验潮站观测全球海平面高度的方法存在的缺陷,人们利用卫星测高技术能更加准确地认识海洋,揭示海平面的变化和响应规律。卫星高度计资料的优点是空间覆盖面积大、分辨率高,目前已经广泛应用于研究大尺度全球海平面变化。利用 1993 ~ 1995 年的

TOPEX/Poseidon 卫星高度计资料,Nerem(1995)和 Minster et al(1995)研究了全球海平面的变化规律。Leuliette et al(2004)探讨了 1993~2003 年间的 TOPEX/Poseidon 和 Jason－1 卫星高度计资料,认为平均海平面上升速率的全球平均值为(2.8±0.4)mm/a。Carton et al(2005)和 Antonov et al(2002,2005)等研究发现,利用卫星测高技术计算出海平面在过去的十多年里的平均上升速率比整个 20 世纪的平均上升速率要大得多,高达 3.2 mm/a。2007 年 IPCC 评估报告显示:在 1961~2003 年全球平均海平面以 1.8 mm/a 的速率上升,而在 1993~2003 年海平面上升的速率为 3.1 mm/a,目前后者的快速上升的变化机制复杂,有待于做深入研究。Cazenave et al(2004)利用卫星测高数据得出,在 1993~2003 年海平面上升速率为 3.1 mm/a。基于气温、海水温度、海洋中冰的变化、20 世纪海平面上升情况等因素影响,一些学者认为到 2100 年海平面上升 1~5 m 比较可信。

　　Ericson et al(2006)对全球 40 个三角洲进行了当代相对海平面上升评估。使用三角洲的数字数据和一个简单的三角洲动力模型。在本研究中,三角洲代表所有的主要气候区、人口密度水平和不同的经济发展水平。估计海平面上升的范围为 0.5~12.5 mm/a。上游的人工蓄水和引水灌溉致使河床的泥沙堆积减少,这也是近 70% 三角洲相对海平面上升的主要决定因素。大约 20% 的三角洲加速下沉,而只有 12% 显示出绝对海平面上升为主导作用。由于受海平面上升的影响,2050 年所研究三角洲地区将会有 870 万人和 28 000 km^2 的地区可能遭受洪水灾害和海岸侵蚀的加强。被淹人口和面积大幅增加时,考虑洪水风险,人们必然要采取取土取河沙以加高、加强沿海海堤的措施,加剧了人类活动对河口区地面高程下降的影响。这项研究认为,人类活动是大量人口居住的三角洲地区海平面上升的重要因素,但是人类活动对海平面上升的影响小于气候变化的影响。

1.2.3　中国海平面上升的研究进展

　　中国近海海平面变化是全球海平面变化的重要组成部分,我国海平面变化具有独特的季风区域特点。由验潮资料求得的平均海平面变化包括绝对海平面变化和地壳垂直变化两部分。采用沿海符合均衡原理布设的验潮站资料,经各站取平均后,基本消除了地壳垂直变化对平均海平面变化的影响。

　　《2009 年中国海平面公报》分析结果显示,近 30 年来,中国沿海海平面总体呈波动上升趋势(见图 1-4),平均上升速率为 2.6 mm/a,高于全球海平面平均上升速率。沿海各海区中,东海海平面平均上升速率较高,达 2.9 mm/a,渤海、黄海和南海分别为 2.3 mm/a、2.6 mm/a 和 2.6 mm/a(见图 1-5~图 1-7)。国家海洋局预计,未来 30 年,中国沿海海平面将继续保持上升趋势,比 2009 年升高 80~130 mm,由于地面沉降速率较大,相对海平面将会以很高的速度上升,这在渤海湾和黄河三角洲、长江三角洲和珠江三角洲的某些岸段表现得十分突出。中国近海近 50 年海平面上升 6.5 cm,从中国近海海平面变化速度曲线和其预测值得出,1983~2002 年时间段海平面变化速度一直在加速上升,应引起人们重视。

　　在过去 30 年,地面沉降等诸多因素的影响导致黄河三角洲、长江三角洲和珠江三角洲的相对海平面上升率比世界全球或全国平均海平面上升率(约 1.5 mm/a)大许多。依据目前三角洲地区地面沉降速率、政府控制对策措施等情况预测,2030 年在老黄河三角

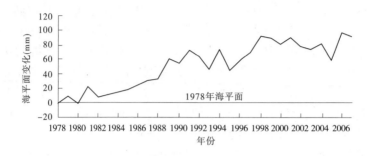

图1-4　我国沿海历史海平面变化曲线

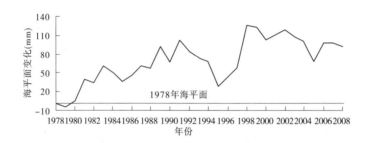

图1-5　长江三角洲海平面变化

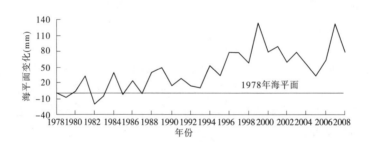

图1-6　珠江三角洲海平面变化

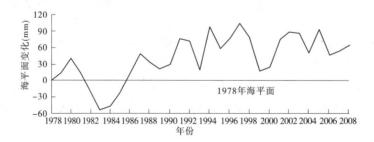

图1-7　天津沿海海平面变化

洲(天津地区)和现代黄河三角洲(山东省东营市地区)相对海平面上升量分别为 60 cm 和 30~35 cm,长江三角洲(上海地区)和珠江三角洲相对海平面上升量分别为 30~40 cm 和 20~25 cm;到 2050 年,上海和天津地区相对海平面上升值将高达 50~70 cm 和 70~100 cm;江苏沿海在未来 30 年、50 年和 100 年海平面上升值分别为 30 cm、53 cm 和 137 cm。

我国学者利用全球和中国区域气候模式对我国气温进行研究,预测我国在 21 世纪变暖趋势明显,我国平均气温到 2020 年将上升 1.3~2.1 ℃,到 2030 年升高 1.5~2.8 ℃,2050 年将有 2.3~3.3 ℃ 的上升幅度,到 2100 年上升幅度高达 3.9~6.0 ℃。郑文振(1999)认为,当我国气温平均上升 3.0 ℃ 时,2050 年我国海平面上升幅度在黄河、长江和珠江三角洲将分别达到 102.9 cm、90.3 cm 和 57.6 cm,21 世纪末期黄河、长江和珠江三角洲海平面上升值将分别达到 188.7 cm、165.6 cm 和 105.7 cm。我国海域海平面具有明显的时空变化特征,8~9 月为海平面的最高值出现时段,2~3 月为海平面的最低值出现时段,最大季节差值可达 20.75 cm;东海和黄海海区海平面由东南向西北呈降低趋势;南海夏季由东向西有降低趋势,冬季反之。黄海和东海具有 2.1~8.6 mm/a 的海平面上升率;由于南海海洋环境具有复杂特性,海平面变化预估值变化范围在 -1.89~10 mm/a,差异较大。沿岸相对海平面上升速率由于地面沉降速率的差异性而地区差异大,我国沿海海平面变化范围为 -2.1~10 mm/a,黄河、长江和珠江三角洲是相对海平面上升较快区域,预估 3 个地区海平面到 2050 年上升值分别为 98 cm、72 cm、52 cm。

乔新等(2008)利用 1992 年 10 月至 2004 年 1 月共 11 年的 TOPEX/Poseidon(T/P)和 Jason-1 高度计数据,对中国海平面的时空变化做了初步分析,并且对 11 年间海平面的上升速率进行了分析(见表 1-1)。我国海平面在 11 年内的变化规律主要有:①由于厄尔尼诺-拉尼娜的影响,可以分 5 个阶段研究 11 年间中国海平面变化——具有平稳特征的是 1993 年和 1994 年;海平面表现为上升特征的是 1995 年和 1996 年;1997~1999 年是受厄尔尼诺和拉尼娜影响严重的年份,1999 年是 11 年间的海平面最高值年;海平面具有平稳特征的是 1999~2001 年;下降趋势开始于 2001 年。②1 年周期是我国海平面变化的主周期,黄海和东海变化 1 年周期特征显著,具有相似性,而渤海还具有 2 个月的较明显周期,南海还有半年的较明显周期。③11 年内,海平面变化振幅的变化特征为:渤海 > 黄海和东海 > 南海。海平面变化受厄尔尼诺-拉尼娜影响程度的大小顺序为:南海 > 黄海和东海 > 渤海。④我国海平面的上升速率为 5.93 mm/a,各个海区还具有差异性,东海的上升速率最大(6.83 mm/a),南海较大(6.11 mm/a),黄海其次(5.17 mm/a),最小的是渤海(3.65 mm/a)。运用 T/P 高度计数据对我国海平面的时空变化进行了研究,比利用验潮站的资料数据具有更好的代表性,计算的结论也比较新颖可靠,为我国沿海海平面变化规律研究提供了有力参考。

表 1-1　中国沿海未来海平面上升的预估成果

预估区域	2030 年(cm)	2050 年(cm)	研究人员
中国沿海	38.4~60.2	57.6~102.9	郑文振,等
中国沿海	6~25	13~50	张锦文
长江三角洲	22~38	37~61	刘杜鹃,等
长江三角洲	—	31~68	谢志仁
长江三角洲	16~34	25~51	施雅风,等
珠江口地区	22~33	—	黄镇国,等
江苏沿海	4.2~32.4	7.2~57.0	王艳红,等
辽河三角洲	9.5~13.1	16.2~22.5	栾维新,等

资料来源:吴涛,康建成,李卫江,等.中国近海海平面变化研究进展[J].海洋地质与第四纪地质,2007,27(4):123-130.

1.2.3.1　黄河三角洲海平面上升的研究进展

黄河三角洲在我国政治、经济、文化上具有举足轻重的地位。黄河三角洲河流的冲积淤积作用,影响了渤海沿岸线的变迁。海平面的升降变化,也导致渤海沿岸地区产生不同的海蚀和海积作用,海岸线的进退变迁也深受海平面变化的影响。黄河三角洲在第四纪时期至少有 5 次明显的冷、暖期,古海平面具有明显的升降变化。利用钻孔分析海相微体古生物和贝壳堤发现,自第四纪以来黄河三角洲沿海平原经历过 6~8 次海浸和 9~11 次海退。黄立人等(1991)利用近几十年的精密水准复测资料和渤海西岸、南岸的几个验潮站资料,研究了渤海西岸、南岸及其邻近地区的近代地壳垂直运动和渤海海平面变化趋势,结合本区的构造格架及水系、古海面的分析,由于陆地隆起速率更快,给渤海西岸、南岸地区海平面上升带来严重威胁,海平面上升对龙口、烟台却没有直接威胁。20 世纪初的 80 多年间,塘沽附近沿海海平面基本保持不变,但是由于过量开采地下水导致的地面快速下沉,使近几十年塘沽地区防潮能力降低、海河入海不畅、风暴潮侵袭加强等,应加强控制地面沉降。渤海西、南岸的海面受海平面上升的直接威胁不大;但渤海沿岸因开采油、气、水造成的广大沉降区,即使在正常海面波动情况下也极易受到损害,并造成环境的恶化,应及早采取相应的对策。

1.2.3.2　长江三角洲海平面上升的研究进展

长江三角洲地区在我国经济发展中具有十分突出的地位,但又是我国沿海环境极其脆弱的地区。长江三角洲及邻近地区是我国现代地壳沉降运动速率最大的区域之一,也是人类开采地下水等造成地面下沉较为严重的区域。近年来,全区地面平均沉降速率达 2~5 mm/a,其中上海市最大沉降漏斗区为 7 mm/a。相关研究表明,过去 40 年上海地区平均海平面上升速率为 2.03~2.94 mm/a;21 世纪长江三角洲地区海平面上升幅度将远超过全球平均值,至 2050 年其高限可达 98~133 cm,可能的低限为 18~36 cm,最可能的情形为上升 49~79 cm。朱季文等(1994)预测长江三角洲在 21 世纪相对海平面上升幅度为 20~100 cm。李加林等(2006)运用地面沉降与绝对海平面变化叠加法和潮位记录法,预测未来 30 年、50 年和 100 年江苏沿海海平面将分别上升 0.30 m、0.53 m 和 1.37 m。

1.2.3.3　珠江三角洲海平面上升的研究进展

经济高速发展的珠江三角洲地区,因地势低平、河网纵横、人口密集、城镇集中,已成为我国未来海平面上升影响的主要脆弱区之一。距今 6 000 年以来海平面至少出现过 4 次略高于现海面的高峰。珠江三角洲由于全球气候变暖而导致海平面上升是有历史先例的。现今珠江三角洲海平面由于受"世界性海平面上升""区域构造沉降"和"河流水位上升"的影响正在持续上升,预计到 2030 年上升 50 ~ 70 cm。对珠江三角洲潮位验潮站的近 30 年资料进行计算,发现三角洲地区存在 3 个不同的上升地区:海平面强烈上升地区(每年上升量超过 4.5 mm),包括三水、紫洞、蚬沙、江门、东莞;海平面上升地区(每年上升量 2.0 ~ 4.5 mm),包括横门、万顷沙、黄金、灯笼山、竹银等;海平面微弱上升区(每年上升量 1.0 ~ 2.0 mm),包括三善滘、灵山、舢板洲、黄冲等。李平日(1993)推算珠江三角洲 50 年后海平面至少将上升 0.5 ~ 0.6 m,很可能达 0.7 ~ 1.0 m。从全国的海平面上升趋势看,珠江口及三角洲地区海平面上升量为全国最高。黄镇国等(2000)认为,在综合考虑理论海平面、洪潮水位升幅、海平面异常波动、地形变化等因素的基础上,预测珠江口地区 2030 年相对海平面上升幅度为 22 ~ 33 cm。沈东芳等(2010)通过对粤东沿海海平面变化研究的唯一代表站——汕尾验潮站进行研究,发现绝对海平面与相对海平面的多年变化趋势基本一致,采用随机动态法和二次项拟合方法分析结果显示,汕尾多年海平面变化呈波动上升趋势,存在 1 年、半年、4 个月和 19 年的显著周期,年振幅为 10.6 cm,并且海平面变化受厄尔尼诺事件影响明显,海平面的季节变化与季风具有显著相关性,通过抛物线拟合预估 2030 年、2050 年海平面分别较常年平均海平面高(18 ± 3)cm、(31 ± 3)cm,与 IPCC(2007)预估的全球上限值相当。陈特固(1998)依据 1957 ~ 2006 年全球气温和珠江口平均潮位资料的分析,发现近 50 年珠江口海平面上升趋势与气候变暖存在正相关关系,并预测 2030 年前后珠江口海平面比 1980 ~ 1999 年高 13 ~ 17 cm。时小军等(2007)利用滑动平均法对 T/P 和 Jason - 1 卫星观测 SHA 资料进行分析,得出 1993 ~ 2006 年南海的海平面上升率为 3.9 mm/a,略高于同期全球海平面上升率((3.1 ± 0.5)mm/a),对分析大万山附近 1° × 1°经纬度网格的卫星观测 SHA 资料进行分析,得出珠江口 1993 ~ 2006 年海平面上升率为 3.6 mm/a。李平日(2011)通过分析珠江三角洲代表潮位站长期和新近 19 年的观测数据等,认为前些年对珠江三角洲海平面上升幅度的预估多数偏大,应对珠江三角洲未来数十年海平面变化重新审视和加以修正,并预估到 2030 年升幅不会超过 20 cm。游大伟探讨了近百年来广东海平面上升率的阶段性变化规律,得出广东沿海海平面近 86 年(1925 ~ 2010 年)、近 40 年(1970 ~ 2010 年)和近 20 年(1993 ~ 2010 年)的上升率分别为 2.1 mm/a、2.5 mm/a 和 3.2 mm/a,呈加速上升的趋势,与全球海平面变化大体呈准同步变化;20 世纪 90 年代以来,广东沿海海平面上升与热带西太平洋的海平面出现突变上升有密切关系。

1.2.4　海平面上升对河口区水资源影响的研究进展

气候变化引起的海平面上升对沿海国家和地区构成极大的威胁,造成不同程度的破坏和损失。国外许多监测研究发现,在河口地区,由于海平面上升已经导致了众多环境效应和灾害。海平面上升主要的影响包括海岸侵蚀增加、沿海洪灾增加、湿地减少、盐水入侵。海平面上升导致的盐度、水质、水位、水生物的变化,会降低防洪设施的防御能力,影响城市排水和供水系统,也会带来直接经济损失等,影响河口地区水资源的开发利用,制约社会经济发展。美国俄亥俄州立大学(OSU)最近发表研究报告称,全球气候变暖导致的海平面上升或将更多影响地下水资源,从而导致饮用水短缺。据 OSU 研究报告,当海平面上升时,沿海地带可能会比以前设想的多损失 50% 淡水供应。

海平面上升,使潮汐作用加强,在无其他因素影响下,通常认为必然导致包括盐水入侵等的灾害。胡昌新(1994)研究了海平面上升对长江口水质和盐水入侵距离的影响。利用公式 $T_{250} = 8.4\exp[2.38H/(L^{0.4}Q_m)]$ 计算了海平面上升对吴淞口枯季超标时间的影响;利用相关方程 $CL = 4.3\exp(0.68H/Q_m)$、$CL = 8.3\exp(1.17H/Q_m)$ 计算出不同流量情况下,海平面上升对吴淞口日均咸度变化的影响;利用长江口 1959 ~ 1978 年 10 多次纵向水文实测资料,统计分析落憩 5‰ 等咸度线距口门引水船站的咸潮上溯距离与吴淞平均潮位和大通日均流量之间的关系,得方程 $L/L_0 = 0.76\lg(H_i/H \cdot Q/Q_i) + 0.39$,计算得出,当海平面上升 50 cm 时,落憩 5‰ 等咸度线的上溯距离约比现状增加 5.3 km,在丰水年枯季,落憩 5‰ 等咸度线远在小九段以下;偏枯水年枯季,可达到小九段,若遇特枯年,在枯季流量最小月份 5‰ 等咸度线上溯到高桥附近河段。当海平面上升 80 cm 时,5‰ 等咸度线上溯距离比现状增加 8.1 km 左右,在平水年枯季,最大可上溯到小九段。当海平面上升 100 cm 时,5‰ 等咸度线上溯距离比现状增加 9.7 km 以上,在丰水年枯季,可上溯到小九段附近;特枯水年流量最小月份,可上溯到吴淞口附近,影响极为明显。沈焕庭等(2003)取 3 个数值试验讨论了海平面上升对河口环流、盐水入侵及最大浑浊带的影响,海平面上升分别取 0.25 m、0.50 m 和 1.0 m,发现海平面上升对盐水入侵影响十分显著,口门内盐水入侵趋于增强,在口门外盐度最大,冲淡水扩展范围减小。

据李平日等(1994)计算,以旱年高潮为计算对象,海平面上升后,横门和洪奇门咸潮上溯距离增大,利用旱年代表流量状况计算了横门水道的咸潮上溯距离增大值。李素琼等(2000)根据 Ippen 和 Harlomen 的扩散理论与方法推算了当海平面上升 0.4 ~ 1.0 m 时,珠江各入海口门咸潮上溯距离的变化情况。周文浩(1998)以枯水期高潮为计算时段,标志咸度为 2.0,计算得出海平面上升 0.3 m 后,咸潮上溯距离普遍偏大,但磨刀门水道反而退缩。杜碧兰等(1995)认为随着海平面上升,咸潮的影响将会更加深入,由于会潮点和盐水楔的上移不仅会引起河道泥沙沉积的变化,也会给城乡供水带来新的问题。

因海平面上升,在辽宁、河北、天津、山东和江苏等省(市)都已发生不同程度的海水入侵,造成地下"水灾"。因此,海平面上升会对沿海地区的经济发展、长期规划,以及沿海人民的生命财产安全构成极大威胁,这给我们提出了重要的科学问题(杜凌,2005)。

海平面上升导致风暴潮频率增大,水位抬高,潮流顶托作用加强,河道排水不畅,从而妨碍污水的排放和洪水的下泄,加剧洪涝灾害等。虽然气候变化对台风(飓风)的影响是极其复杂的,但是气候变化对台风(飓风)频率和强度的影响是当今的研究热点,许多学者研究表明,1955 年以来大西洋飓风频率的增加是气候变化的有力证明。近期模拟显示,到 2100 年全球海平面将会上升到 0.8 ~ 2.0 m,气候变化导致的海平面上升会加剧未来沿海地区的风暴潮灾害,虽然目前沿海地带已有应对风暴潮的特殊措施,但是应对海平面上升导致风暴潮灾害加剧方面的措施还较少。Rygel 等(2006)研究了海平面上升影响下的风暴潮灾害变化特征并探讨了应对方案。Gornitz 等(2002)研究了海平面上升对纽约地区的影响,得出海平面的加速上升会加剧海岸侵蚀、咸潮上溯和洪涝灾害,模拟显示,到 2050 年和 2080 年气候变化导致的海平面分别比 20 世纪末期高 18~60 cm 和 24~108 cm,100 年一遇的洪水到 2050 年将降低为 19~68 年一遇、到 2080 年将降低为 4~60 年一遇。

国内海平面上升对风暴潮影响的研究方面,定性研究多于定量研究。20 世纪末期,张锦文等(2000)采用 1970~1998 年中国黄海沿岸主要验潮站实测资料进行统计分析,得出年平均高潮位升速 6.6 mm/a。Yu 等(2003)研究了海平面上升后渤海、黄海、东海潮汐变化,得出海平面上升后大部分海区分潮振幅增大。于宜法等(2006,2007)对理论系数最大的 19 个分潮在海平面上升 1.0 m 和海平面未上升情景下的渤海、黄海、东海潮波进行了模拟,极值潮位的变化是依据海平面上升 1.0 m 的潮波变化推算的,计算出海平面上升 1.0 m 情景下有些地区天文最高潮位增高 10~16 cm。高志刚(2008)利用 ECOM 模式,模拟了现状海平面情景下中国东部沿海潮汐,着重研究了海平面上升对风暴潮造成的影响,给出了定量分析结果,结果显示,风暴增、减水极值变化对海平面上升的敏感性具有空间差异性,近岸海域是海平面上升对风暴潮影响的主要区域;随海平面上升幅度的增加,增、减水敏感性也增加;对选取特征站位的风暴潮增水极值做对比研究发现,大部分中国近岸特征站位的增水极值随海平面上升而减小,但量值较小。王康发(2010)对海平面上升背景下中国沿海台风风暴潮脆弱性进行了评估,研究表明,到 2100 年,我国海平面上升值约为 1 m,海平面上升对风暴潮的影响主要表现为风暴潮增水值上升、风暴潮重现期缩短,65 年一遇的风暴潮增水在海平面上升值 1 m 的情景下可能变为 13 年一遇,严重威胁沿岸排水和供水安全;珠江三角洲地区、长江三角洲、浙北沿岸、苏北平原沿岸地区、莱州湾及黄河三角洲、渤海湾与辽东湾地区是我国主要的风暴潮脆弱区。

陈奇礼等(1995)在对中国近海海平面上升幅度估计的基础上,讨论了海平面上升对沿海的设计潮位、设计波高的影响。孙清等(1997)研究了海平面上升对长江三角洲地区的影响,结果显示海平面上升将导致珠江口风暴潮灾加剧,若海平面上升 65 cm,100 年一遇的极值高潮位便变为 10 年一遇;海平面的加速上升,将使咸潮上溯距离加长,增加沿程咸水强度,水体含氯度超标准的持续时间更长。朱季文等(1994)估算了 21 世纪前半期海平面上升对太湖下游地区洪涝灾害的影响程度,对长江口南支与黄浦江潮流进行了模拟计算,发现随着海平面上升,潮位相应增高,影响低洼地区的排水能力,若海平面上升 40 cm 和 80 cm,低洼地区的排水能力分别下降 20%~40%。

陈特固(1994,1998)研究了海平面变化及其对广东沿海环境的影响,结果显示海平面上升对暴潮的影响严重,未来海平面若上升 20 cm,则珠江口现在工程上采用的 100 年和 50 年重现期暴潮位将分别缩短为 40~50 年及 20~25 年一遇;海平面上升还将加剧珠江口的洪涝威胁,加重水域污染,使潮流界沿河上移、咸潮上溯更深远,给两岸城乡用水带来新问题。温国平等(1993)利用稳态模型计算并预测未来 30~50 年珠江口城市水质变化趋势,得出海平面上升会造成城市排水、河网汇潮点变化及河流水质恶化等不良影响。

李平日等(1993,1988)研究了海平面上升对珠江三角洲自然环境和经济建设的可能影响,主要包括淹没低地、咸潮深入、河道淤积、排灌困难、海岸侵蚀、环境污染、基建耗资增加、灾害增加、经济发展速度受阻延等。海平面上升将使咸潮深入、水质咸化。现代化的生产和生活需要大量淡水;预测当海平面上升 0.7 m,咸潮将深入 3 ~ 4 km,目前枯季涨潮咸潮已达广州市区,倘若海平面上升,枯季涨潮时广州市区将完全不能利用珠江水,供水形势严峻,必须防患于未然,超前进行供排水研究。刘晨等(1996)研究了海平面上升对珠江三角洲水资源的影响,在分析了珠江三角洲水资源利用和保护现状及存在问题的基础上,从城镇供水、农业灌溉、水环境污染、城镇排水、水生生态的改变等方面进行分析,探讨了海平面上升给珠江口水资源利用和保护带来的影响,并提出了相应的应对措施。吕春花等(1996)认为,如果海平面上升,潮流将沿河流上溯至更远的地方,由于涨潮流顶托,污水回荡,势必加重江河污染。沿海城市即使有人工堤岸的捍卫,但现有的污水排放体系亦会因排污口高程过低而失效;城市内的河网由于壅水,不利于污水自净和排泄外海,整个城乡的水环境将会恶化。

董文等(2010)利用 3D – GIS 进行了海平面上升情况模拟和影响分析,将海平面上升预测信息、海洋基础地理信息等进行了综合管理,并通过 Web Service 技术集成了海平面上升预测模型和基于 GIS 的灾害影响分析功能,与溃堤进水量模型结合,用于计算水面的演进范围,可以真实、直观、形象地展示海平面上升灾害的影响过程,有助于制定更符合实际情况的防灾减灾决策,具有较好的实用性。

1.2.5　海平面上升影响下的水资源问题研究及发展趋势

迄今为止,气候变化导致的海平面上升对珠江口水资源的影响研究还刚起步,虽然已取得一些研究成果,但还很不成熟,并且定性研究多于定量研究,还存在许多需要进一步研究的问题。

(1)当前河口区海平面上升对水资源影响的理论研究还很不成熟,成为深入研究海平面上升影响下珠江口水资源可持续利用的瓶颈。还有,已有研究多为定性研究,系统定量分析明显不足。因此,今后迫切需要加强河口区海平面上升对水资源影响的机制及相关支持理论的综合研究,形成一个较为明晰和完善的理论框架,为准确计算河口区海平面上升对水资源影响提供可靠的理论依据。

(2)珠江口海平面上升对水资源的影响问题在咸潮期尤为突出。在水资源供需矛盾极为突出的形势下,枯水期珠江口城乡供水常受咸潮的影响,未来海平面上升更加剧了供水的严峻形势,珠江口海平面上升对水资源的影响问题就显得极其重要。目前珠江口海平面上升对水资源的影响问题相关理论和计算方法还有待完善。因此,今后需要进一步加强珠江口海平面上升对水资源的影响问题相关理论和计算方法的研究。

(3)目前,珠江口海平面上升对水资源影响的研究方法实用性、精确性及可操作性较差。河口是一个咸、淡水高度混合的区域,同时受径流、潮汐、波浪、河口地形等因素的共同影响,其变化过程十分复杂。还有,许多河口都不断进行疏浚河道、围栏筑闸等治理,明显改变了河口发育方向、潮流及水生环境等。现有河口区海平面上升对水资源的影响研究方法大多没有充分考虑河口这些自身特点及其变化,出现计算结果失真的问题。今后要加强海平面上升对珠江口水资源影响规律的研究,建立基于水文学、河口动力学的计算模型,形成一套比较成熟的计算方法体系。

随着珠江口海平面上升影响下的水资源供需问题日益突出和严峻,海平面上升对珠江口水资源影响研究必将更加引起人们的重视和关注,也将会在流域规划和管理决策中发挥更大作用。理论与实践相结合、多学科交叉综合研究将是今后珠江口海平面上升对珠江口水资源影响研究的方向和发展趋势。

1.3　研究内容、技术路线及方法

1.3.1　研究内容与技术路线

国内外对气候变化导致的海平面上升及其影响已做了大量的研究,但专门针对海平面上升对河口区水资源影响方面的研究还不多,而对于珠江口的相关探索有待深入研究。本研究在前人研究基础上,紧紧围绕"气候变化导致的海平面上升对珠江口水资源影响"这一研究主线,在对全球及中国海平面上升趋势、原因和影响研究的基础上,形成较为完整的海平面上升对珠江口水资源影响的理论框架,建立基于河口水文学、统计分析方法和数值模拟技术的计算方法及模型,为海平面上升对珠江口水资源影响研究提供一种新的思路和方法,提出了应对海平面上升对珠江口水资源利用影响的具体对策,从整体上减轻海平面上升危害,以确保 21 世纪珠江口地区资源、环境、经济和社会的可持续发展,本研究具有重要的理论意义和应用价值。

研究结构安排如下:

(1)第 1 章:绪论。介绍本研究的背景及研究意义,重点对本研究选题、国内外研究进展进行概述,确定本研究的研究内容及技术路线。

(2)第 2 章:研究区概况及资料来源。介绍珠江口概况及其自然地理、社会经济、水资源概况以及本研究使用的水文等资料数据的来源。

(3)第 3 章:变化环境下珠江口水资源分析与评价。分析了珠江口水资源年际、年内变化趋势及成因,评价了水资源开发利用现状,计算了各个城市水资源供需平衡分析结果和供水历时保证率及缺水量。

(4)第 4 章:海平面上升影响下的珠江口咸潮影响因素辨析。利用多种较成熟方法对比研究了咸潮与流量、潮水位、海平面上升、气象等影响因素的响应规律。

(5)第 5 章:咸潮上溯对海平面上升的响应。利用一维动态潮流含氯度(浓度)数学模型,模拟了在海平面上升 10 cm、30 cm 和 60 cm 的情况下,咸潮界线的具体上移距离,揭示了珠江口咸潮上溯对海平面上升的响应规律。

(6)第 6 章:海平面上升对珠江口城市供水的影响。重点以珠海市为例,分析了海平面上升等对主要取水点咸情的影响,识别了海平面上升影响下的珠江口地区城市供水问题及成因。

(7)第 7 章:珠江口潮水位对海平面上升的响应。珠江口潮水位变化及其影响直接制约着该地区的经济发展,利用灰色系统理论、主成分分析、聚类分析等理论方法进行研究,定量描述珠江口潮水位对海平面上升的响应规律。

（8）第8章:海平面上升影响下的珠江口最高洪潮水位预估。提出了未来不同海平面上升幅度的情景,构建了未来海平面上升影响下的珠江口最高洪潮水位的预估模型,预估了代表站未来特定上游来水频率下的最高洪潮水位。

选择我国珠江三角洲典型河口为研究对象,在历史资料整理分析的基础上,应用现代统计方法、系统分析方法等研究海平面上升对河口区水资源利用的影响,提出应对海平面上升对河口区水资源利用影响的适应对策。具体技术路线见图1-8。

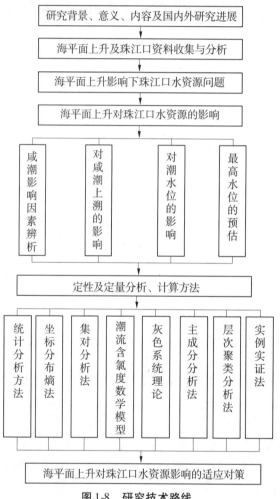

图1-8　研究技术路线

1.3.2　研究方法

1.3.2.1　水文学法

主要依据河流水文学、气象学等研究方法,通过水文、气象等观测资料,探讨气候变化导致的海平面上升的规律、特征、机制等,为本课题提供科学依据和技术支持。

1.3.2.2　统计分析法

基于珠江口长序列资料,应用现代统计分析方法,建立河口海平面上升与咸潮上溯、水位等的相关关系,最后提出海平面上升对珠江口地区水资源利用影响的适应对策。

1.3.2.3　野外调查法

结合本专题的研究目标,选择珠江口为研究对象,通过实地调查,了解河口区海平面上升对水资源的影响特点等。

1.3.2.4　多理论综合方法

本研究在研究过程中,广泛使用了一些非线性理论方法,主要包括时间序列分析方法、集对分析法、灰色系统理论方法、主成分分析方法、层次分析方法、突变理论分析方法等,分析珠江口海平面上升对水资源的影响特征。

1.3.2.5　数学模型

利用珠江三角洲网河区及河口区的数学模型,定量地研究海平面上升对咸潮上溯等方面的影响。

1.3.2.6　实例实证法

通过实例分析,对本研究提出的理论及方法起到验证和支持的作用,以便能更清晰地解释理论和方法的可行性与操作性。

第 2 章　研究区概况及资料来源

　　珠江口位于广东省东部沿海,北回归线横贯中部,属于亚热带季风气候,终年温暖湿润。珠江口是河道成网、地势低平、径流丰富、出海河口众多的网河区。本地区经济发达,城镇密布,人口激增,但是洪潮、咸潮等灾害频繁,珠江口是易受海平面上升影响的地区,水资源开发利用中依然存在一些亟待解决的重大问题。面对这样的迫切需求,选择珠江口为研究对象进行海平面上升对水资源的影响研究,并考虑区域的代表性、成果的实用性以及资料获取的现实条件。

2.1　珠江口的自然地理概况

2.1.1　地理位置

　　我国珠江口地区东起深圳、西迄台山、北至广州、南达万山群岛,包括珠江三角洲的大部分地区和内陆架水域。珠江三角洲地区位于广东省南部沿海,地处北纬 23°40′ ~ 21°30′、东经 109°40′ ~ 117°20′,北回归线横贯中部。珠江三角洲地区北倚南岭,与湖南、江西两省相连,东邻福建,西接广西,南濒浩瀚的南海,西南端隔琼州海峡与海南相望。珠江三角洲旧称粤江平原,是西江、北江共同冲积成的大三角洲与东江冲积成的小三角洲的总称,是放射形汊道的三角洲复合体。

2.1.2　水文

2.1.2.1　水系

　　珠江三角洲由西北江三角洲、东江三角洲和注入三角洲的其他各河流流域所组成,西江和北江在广东省佛山市三水区思贤滘、东江在广东省东莞市的石龙分别汇入珠江三角洲网河区,然后经虎门、蕉门、洪奇门、横门、磨刀门、鸡啼门、虎跳门和崖门入注伶仃洋、磨刀门外海区及黄茅海。珠江三角洲集水面积为 26 820 km²,其中包括三角洲网河区面积 9 750 km² 和注入三角洲其他河流域面积 17 070 km²。主要有潭江、流溪河、增江、沙河、高明河等河流注入珠江三角洲。珠江三角洲水系图如图 2-1 所示。

　　珠江三角洲网河区内河道复杂,其中互相贯通的西、北江水道形成西北江三角洲,由长约 1 600 km 的近百条水道组成,集雨面积 8 370 km²,约占珠江三角洲网河区面积的 85.8%,自成一体的东江三角洲主要由长约 138 km 的 5 条水道组成,集雨面积只占珠江三角洲网河区面积的 14.2%。

　　从思贤滘西滘口起为西江的主流,向东南流至新会县天河,称西江干流水道,长 57.5 km;自思贤滘北滘口至南海紫洞为北江主流,称北江干流水道,河长 25 km。东江流至石龙以下分为两支流入狮子洋经虎门出海。

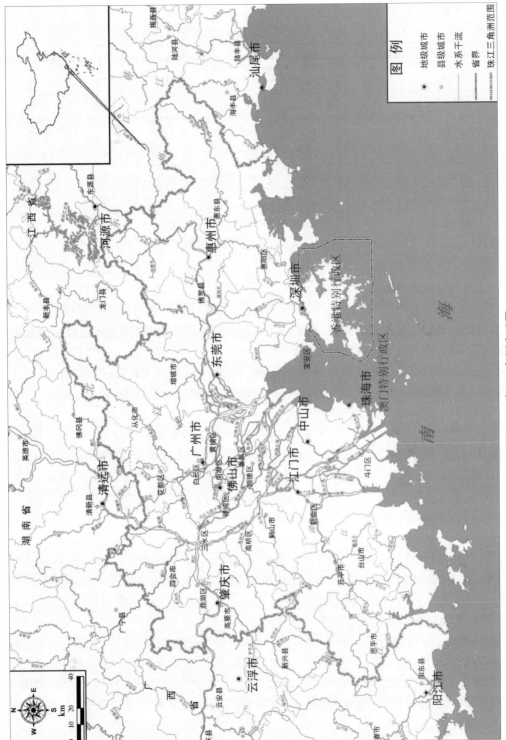

图2-1　珠江三角洲水系图

珠江三角洲主要河流情况见表2-1。

表2-1　珠江三角洲主要河流情况

水系	河流名称	河流级别	发源地	河口	面积（km²）	河长（km）	坡降（‰）
珠江三角洲	珠江	干	广州白鹅潭	东莞沙角	4 713	73	
	沙河	—	博罗独山	博罗石湾	1 235	89	0.64
	增江	—	新丰七星岭	增城观海口	3 160	206	0.74
	东莞水道	—	东莞石龙	东莞桂子洲	1 679	41	5.4
	流溪河	—	从化桂峰山	广州白鹅潭	3 917	174	0.8
	高明河	—	高明托盆顶	高明海口	1 010	86	0.45
	横门水道	—	顺德南华	中山横门	1 129	59	0.77
	潭江	—	阳江牛围岭	新会崖门	6 026	248	0.45

2.1.2.2　八口门水道概况

八大入海口门中，虎门、蕉门、洪奇沥和横门为东面四口门，都注入伶仃洋；磨刀门、鸡啼门、虎跳门和崖门为西面四口门，其中注入南海的有磨刀门，鸡啼门注入三灶岛与高栏岛之间的海域，注入黄茅海的有虎跳门和崖门。磨刀门是西江的主要入海口门，泄洪输沙量最大，而潮汐吞吐量最大的是东部的虎门，虎门和崖门潮汐作用比较强，其他口门径流动力特征明显❶，所以八大口门动力特性不同，泄洪纳潮情况也不一样。

1. 虎门

虎门是虎门水道的出口，虎门水道纳东江、流溪河全部来水来沙和北江部分水沙后，从虎门注入伶仃洋河口湾。虎门的水流含沙量低，水深河宽，河床较稳定，出虎门向南是伶仃洋河口湾，东、西两条深槽将伶仃洋浅滩分隔为东滩、中滩和西滩三部分。虎门潮流动力较强，纳潮量居八大口门之首，伶仃洋—虎门—狮子洋是重要的纳潮、泄洪通道，也是广州主要的远洋航道。

2. 蕉门

蕉门是蕉门水道的出口，地处内伶仃洋西侧，承泄西、北江的水沙。榄核涌、西樵涌和骝岗涌三条水道是由沙湾水道分出的，在亭角汇入蕉门水道上游，有洪奇门水道分出的上横沥、下横沥汇入蕉门水道下游，蕉门口外分汊为两条水道与伶仃洋相通，主干为东西向的凫洲水道，支汊蕉门延伸段沿万顷沙垦区向东南延伸。

3. 洪奇沥

洪奇沥水道的出口是位于内伶仃洋西北角的洪奇沥，有承泄西江和北江水沙的作用，洪奇沥水道上游由在板沙尾汇流的李家沙水道、容桂水道组成，西侧有桂洲水道、黄圃沥、黄沙沥汇入，至大陇滘向蕉门分出上横沥、下横沥，自下横沥分水口进一步向东南延伸。

4. 横门

横门水道的出口是横门，有承泄西江水沙的作用。西江的支流小榄水道和鸡鸦水道

❶　注：引自《中国海湾志》。

在横门水道上游汇合,沥洪奇门水道与鸡鸦水道通过黄沙沥、黄圃相通。出横门后横门水道分汊,北汊是主干,先与洪奇门水道相汇后,注入伶仃洋,南汊经芙蓉山峡口后,也注入伶仃洋。

5. 磨刀门

磨刀门位于珠海市洪湾企人石,是西江径流的主要出海口门,口门外自东而西分布着大小横琴、芒洲、横洲、三灶等山丘小岛,各岛之间有洪湾水道、横洲口、龙屎窟、大二门等河口与外海相通,这些小岛环抱的水域称磨刀门内海区,最大纵向长 15 km、横向宽 23 km,面积 173.08 km^2。在磨刀门口门外的交杯沙以南,有一东西向的大沙脊,称为拦门沙。磨刀门水道与鸡啼门水道由泥湾门水道相连通。磨刀门是以径流作用为主的潮汐河口,整个内海终年各水层主要为落潮优势流。磨刀门是西江主要的泄洪输沙出口,径流作用较强。磨刀门宣泄西江的径流约占珠江径流量(3 360 亿 m^3)的 28%,占西江径流量的 33%,山潮比为 5.78。流进磨刀门的西江径流大部分通过横洲水道流入南海,约 15% 径流量通过洪湾水道,一部分经澳门浅海区进入南海,大部由十字门浅海区注入南海。

磨刀门的最大潮差为 2.29 m,平均为 0.86 m,是珠江各口门中最小者。枯水期潮流上潮至三榕峡附近。汛期潮流界则在口门附近,属于以径流作用为主的弱潮口门,全年落潮垂线平均流速明显大于涨潮垂线平均流速,落潮流历时大于涨潮流历时,各水层以下泄流为优势流。横洲水道纵向同步基本上不出现滞流点,涨潮流速枯期大于汛期。流速的纵向变化是:汛期横洲水道涨潮流速自下而上沿程递减,落潮流速沿程递增。

6. 鸡啼门

鸡啼门位于斗门区大霖,邻接磨刀门内海区的西侧,是鸡啼门水道的出海口。鸡啼门的年径流量 197 亿 m^3,占珠江出海总径流量的 6.1%,年输沙量 496 万 t,占珠江出海总输沙量的 7%,最大涨潮差 2.44 m,最大落潮差 2.71 m。鸡啼门口门外有两条主槽,一条从口门向南至南水岛,另一条由口门向南经三灶岛与南水岛之门出海,主槽两侧均是浅滩,低潮时可见滩顶露出水面。

鸡啼门是 1959 年泥湾门堵海工程完成以后形成的出海口门,在此之前,位于鸡啼门上游 16 km 处的泥湾门才是珠江八大出海口门之一,当时泥湾门出口处的白藤岛把泥湾门出海口分成东西两段海峡,堵海工程实施时,在两海峡上筑了白藤东堤、西堤,形成白藤湖,迫使径流从鸡啼门水道出海,从此鸡啼门取代泥湾门成为珠江八大口门之一。1975 年,白藤湖与鸡啼门水道分开,河湖分家,建成了白藤垦区。鸡啼门口门宽度仅为泥湾门的一半,而且出海流路增长 16 km,造成潮量减少,使泥湾门水道及河床发生显著的变化,并引起其相邻口门磨刀门和虎跳门分流比产生新的调整。

7. 虎跳门

虎跳门是虎跳门水道的入海口,西侧紧临崖门,与崖门水道出流相汇后注入黄茅海。虎跳门水道上游荷麻溪是西江石板沙水道的分支水道,向东分出赤粉水道与鸡啼门水道相通,虎跳门口门附近与崖门汇流处宽浅。虎跳门水道属西江出海航道的出口段,水道内设有众多航道整治工程。

8. 崖门

崖门是珠江河口八大入海口门中位于最西部的口门,崖门接纳上游潭江和西江分流经江门水道、虎坑水道汇入的水沙,与虎跳门出流汇合后注入黄茅海。崖门水道以潮流动力为主,水深、河宽、河床比较稳定。崖门和虎跳门汇合后形成黄茅海的喇叭形海湾,北起湾顶崖门、虎跳门口,宽约 1.8 km,下延 30 多 km 至大襟岛、大芒岛、三角山岛、南水尾的湾口,宽 20 多 km,浅海区水面积约 403 km^2。

2.1.2.3　伶仃洋和黄茅海

伶仃洋水域面积约为 2 110 km^2,是个喇叭形的口湾。湾顶及虎门口宽约 4 km,自湾顶至湾口纵向长 65 km,湾口从左岸(香港)到右岸(澳门),宽约 80 km。由于其上游支流众多,河口区水网发育,各江汊道相互贯通,加上潮汐的往复流动,使伶仃洋成为世界上少有的复杂而又特殊的河口湾。伶仃洋东岸属东莞、深圳等地范围,地形上为平原与丘陵山地相间;伶仃洋西岸及磨刀门、黄茅海口段属于番禺、中山、珠海、斗门、新会、台山等县(市)范围。

黄茅海上通西江、潭江,下连南海,径流、潮流并存,但径流量远小于纳潮量。据统计,由崖门、虎跳门下泄的多年平均径流量约 400 亿 m^3,而大潮的一个潮期的纳潮量可达 10 亿~12 亿 m^3,小潮的亦有 6 亿~8 亿 m^3,按一个潮期的平均计算,崖门口的径流量仅是纳潮量的 7%~9%,多年平均山潮比为 0.3 左右。这表明黄茅海是个以潮汐动力为主的河口湾。黄茅海的潮汐系数为 1.36(据黄冲水文站统计),属不正规半日混合潮类型,日潮不等现象显著。黄冲站的多年平均潮差为 1.24 m。由于受漏斗状地形收缩影响以及上游径流顶托作用,进入黄茅海的潮波发生变形,由湾口至湾顶,涨潮历时沿程缩短,落潮历时沿程拉长,潮差呈湾顶附近最大,上、下游逐渐趋减的分布状况。海湾的潮流主要为往复流形式,但在弯腰以南的拦门沙浅水区,潮流在此发生扩散和分离现象,加上湾口东、西峡口潮波的相位差,形成十分复杂的流动状况。

2.1.2.4　主要测站的流量变化

珠江口区流量供给主要是西、北、东三江来水,本研究分析了马口、三水、博罗三个主要控制水文站流量的变化趋势,具体如图 2-2~图 2-7 所示。

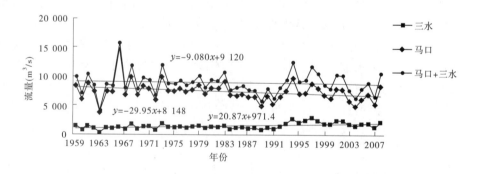

图 2-2　马口站和三水站 1959~2008 年年平均流量变化趋势

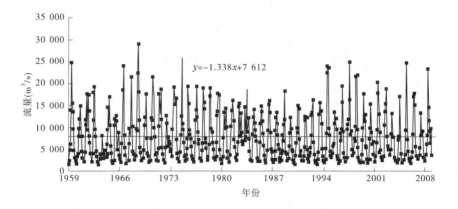

图 2-3　马口站 1959～2008 年月平均流量变化趋势

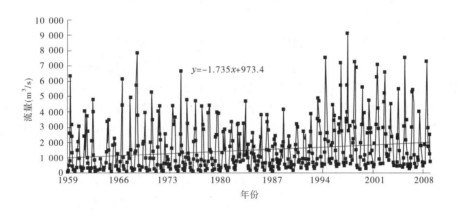

图 2-4　三水站 1959～2008 年月平均流量变化趋势

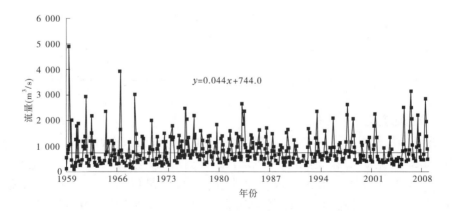

图 2-5　博罗站 1959～2008 年月平均流量变化趋势

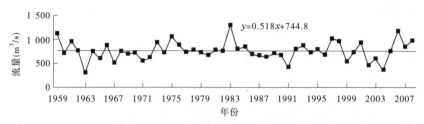

图 2-6　博罗站 1959~2008 年年平均流量变化趋势

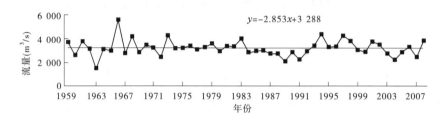

图 2-7　珠江流域 1959~2008 年年平均流量变化趋势

由马口、三水、博罗三站径流序列变化趋势图可以看出,不同的测站、在不同的时段,上升和下降的趋势有差异。表 2-2 分析结果显示,1959~2008 年,马口站径流量每年约减少 29.95 m^3/s,三水站每年约增加 20.85 m^3/s,博罗站每年约增加 0.518 m^3/s。利用珠江流域主要控制站马口站、三水站和博罗站的年平均流量总和分析珠江流域水文变化趋势,如图 2-7 所示,进入珠江三角洲的主要控制站来水总量平均每年约减 2.85 m^3/s。

表 2-2　1959~2008 年珠江口上游主要测站平均流量变率

站名	年均流量变率(m^3/s)
马口	-29.95
三水	+20.85
博罗	+0.518
总计	-2.85

注:"+"表示增加,"-"表示减少。

2.1.2.5　分流比变化

珠江三角洲属网河地区,大小水道相互沟通,重要的分叉口有(马口:三水)、(天河:南华)、(东江北干流:东江南支流)。根据珠江三角洲水动力条件,西、北江三角洲上游来水入流参证水文站为马口水文站及三水水文站,径流量以马口和三水的径流之和(马口 + 三水)来表示,本书也称为思贤滘流量。马口、三水站年均流量占(马口 + 三水)总流量的比例变化过程见表 2-3。

表 2-3　马口、三水站年均流量占(马口 + 三水)总流量的比例

序列	思贤滘总流量 (m³/s)	马口		三水	
		年平均流量 (m³/s)	占比重 (%)	年平均流量 (m³/s)	占比重 (%)
1959 ~ 1989 年	8 641	7 411	85.8	1 230	14.2
其中 1972 年	6 707	5 923	88.3	784	11.7
1990 ~ 1995 年	8 841	7 093	80.2	1 748	19.8
1996 ~ 2005 年	9 052	6 932	76.6	2 120	23.4
2006 ~ 2008 年	8 650	6 860	79.3	1 790	20.7
1990 ~ 2008 年	8 923	6 972	78.1	1 951	21.9
其中 1996 年	9 410	6 990	74.3	2 420	25.7

表 2-3 反映了 1959 ~ 2008 年间,就两站年均流量和所占比重而言,马口站总体上呈下降趋势,而三水站呈上升趋势,两站这种分流比的变化,与西、北江来水量有一定关系,更主要的原因是受到三角洲西、北江主干水道河床演变的影响。1989 年后,西、北江主干水道河床下切,三水站水位下降幅度超过了西江马口站,从而使更多的水通过思贤滘流向北江。

天河、南华断面分流比的历史比较见表 2-4。由表 2-4 可以看出,20 世纪 50 ~ 80 年代,南华分流比占天河 + 南华分流比平均值为 40.4% ~ 43.9%,"99·7"典型洪水思贤滘(同时刻马口 + 三水)洪水洪峰流量为 36 020 m³/s,南华分流比占 48.2%;"08·6"典型洪水思贤滘洪水洪峰流量为 60 400 m³/s,南华分流比占 44.9%。由此可以看出,20 世纪 90 年代以后南华分流比有所增加,2008 年则表现为南华站分流减少、天河站增加。

表 2-4　天河、南华断面分流比的历史比较

实测时间	马口流量(m³/s)	天河占(天河 + 南华) 比例(%)	南华占(天河 + 南华) 比例(%)
1955 年	3 870	56.7	43.3
1959 年 7 月	25 400	56.1	43.9
1970 年 7 月	26 500	57.3	42.7
1985 年 7 月	7 700	59.6	40.4
1998 年 7 月 18 ~ 19 日	18 683	53	47

2.1.3　气候

珠江三角洲属于亚热带季风气候,终年温暖湿润。

多年平均降水量为 1 400 ~ 2 500 mm;最大年降水量为 4 555 mm(大坑站 1973 年),最小年降水量为 721.3 mm(铁岗水库站 1963 年)。年降水量不但年际变化较大,而且年

内分配也不均匀,通常是汛期4~9月的降水量占年总量的80%以上,其中汛期降水主要集中在5~8月,约占年总量的60%以上;枯水期1~3月、10~12月的降水量不足年总量的20%,故夏秋易涝,冬春易旱。最大24 h点暴雨出现在珠海市的香洲站和三灶站,香洲站为643.5 mm(2000年4月13日),三灶站为613.8 mm(1982年5月29日)。东部最大点暴雨出现于泗盛围站,为580.6 mm(1993年6月28日);中部的天河站,最大点暴雨量为266.1 mm(1981年6月30日),表明了暴雨量的空间分布由沿海向内陆呈递减变化。

多年平均气温一般都在22 ℃左右,年平均气温的年际变化不大,变幅为1 ℃左右,历年最高气温在35 ℃以上,极端最高气温为38.7 ℃(广州1953年8月12日、深圳1980年7月10日);年最低气温一般出现在1月、2月及12月,其中1月最低,平均为13~14 ℃,历年最低气温一般都在0 ℃以上,极端最低气温为-1.3 ℃(中山站1955年1月12日)。多年平均日照时数为1 600~2 100 h,年最长日照时数为2 449.5 h(番禺1963年),年最短日照时数为1 507.0 h(新会1973年)。日照时数的年内分配,一般是7月较长,平均为230~250 h,最短为2月、3月,平均为90~125 h。

冬季盛行北风,夏季盛行偏南风、东南风,春秋转换季节风向极不稳定。累年最大风速为东风31.4 m/s(珠海站),其次为西北风和北风,累年最大风速均为30 m/s(斗门、深圳站)。每年的7~9月为本区热带气旋盛行期。据1949~2000年资料统计,风力在8级以上,直接在珠江口(深圳以西—台山以东)登陆的约有35次。近年对珠江河口影响较大的有8309、8908、9316等3次台风。

多年平均蒸发量(水面蒸发,下同)为1 100~1 300 mm;最大年蒸发量为深圳1 570.5 mm(1963年)、番禺1 396.8 mm(1977年);最小年蒸发量为东莞1 127.4 mm(1963年)、中山972.7 mm(1965年)。蒸发量的年际变化不大,但其年内变化相对较大,7月、8月蒸发量最大,约占年总量的23%,1~3月蒸发量较小,约占年总量的17%。平均相对湿度为80%左右,春、夏最大相对湿度95%以上,秋、冬最小相对湿度不足10%。

2.1.4　地貌

珠江三角洲东、西、北三面都由山地、丘陵围绕,南面向海,构成一个马蹄形的港湾形势。三角洲地区大陆地势大体是北高南低,地形变化复杂,山地、丘陵、台地、谷地、盆地、平原相互交错,形成多种自然景观。珠江三角洲平原,是东、西、北江的下游河网区,河道众多,水系纷繁;三角洲北部海拔较高,有不少20~50 m的台地分布;中南部多为平原低洼,其间亦有零星山地、丘陵和台地分布。

2.2　珠江三角洲的社会经济概况

2008年,珠江三角洲地区年末常住人口4 771.77万人,城镇人口为3 868.32万人,农村人口为903.45万人。城镇化水平较高的有深圳、珠海、广州、佛山、中山、东莞,而江门、惠州、肇庆的城镇化水平相对较低,为44%~62%,详见表2-5。

表 2-5 2008 年珠江三角洲的人口与城镇化水平情况

地级市	2008 年人口(万人)			城镇化率(%)
	城镇	农村	合计	
广州市	837.26	180.94	1 018.2	82.23
深圳市	876.83	0	876.83	100
珠海市	126.1	22.01	148.11	85.14
佛山市	595.29	0	595.29	100
惠州市	240.62	152.09	392.71	61.27
东莞市	600.36	94.62	694.98	86.38
中山市	216.3	34.79	251.09	86.14
江门市	204.84	209.43	414.27	49.45
肇庆市	170.72	209.57	380.29	44.89
合计	3 868.32	903.45	4 771.77	81.07

2008 年,珠江三角洲地区国内生产总值(GDP)为 29 745.6 亿元。GDP 所占比重最高的为广州,其次为深圳,肇庆、珠海的 GDP 所占比重较低,具体见表 2-6。

表 2-6 2008 年珠江三角洲的国民经济发展情况 （单位:亿元）

地级市	GDP	一产	二产	三产	三次产业结构
广州市	8 215.8	167.7	3 199.0	4 849.1	2.0:38.9:59.0
深圳市	7 806.5	6.7	3 815.8	3 984.1	0.1:48.9:51.0
珠海市	992.1	29.1	542.5	420.5	2.9:54.7:42.4
佛山市	4 333.3	95.2	2 842.8	1 395.3	2.2:65.6:32.2
惠州市	1 290.4	90.7	759.4	440.3	7.0:58.8:34.1
东莞市	3 702.5	12.3	1 954.2	1 736.1	0.3:52.8:46.9
中山市	1 408.5	44.3	850.6	513.6	3.1:60.4:36.5
江门市	1 280.6	103.4	737.5	439.7	8.1:57.6:34.3
肇庆市	715.8	162.1	262.8	290.9	22.6:36.7:40.6
合计	29 745.6	711.5	14 964.6	14 069.5	2.4:50.3:47.3

2.3 珠江口的水资源状况

该研究区域属南亚热带季风气候区,年降水量丰富。该区域内地表水资源量完全由降水补给,故地表水资源量的分布与降水变化趋势一致,而地下水补给也比较单一,主要靠接受大气降水、地表水入渗的垂向补给。随着经济的发展,水质污染问题日益突出,珠江三角洲水质污染给生产生活带来了重大影响。《2008 年水资源公报》显示,2008 年珠江片评价河长 20 647 km,河流水质总体较好,没有 Ⅰ 类水,河流水质以 Ⅱ、Ⅲ 类水为主,占评价河长的 70.9%,Ⅳ～Ⅴ 类水占 16.3%,劣 Ⅴ 类水占评价河长的 12.8%(见图 2-8)。其中,珠江三角洲评价河长 2 291 km,Ⅰ 类水没有,Ⅱ、Ⅲ 类水占评价河长的 36.8%,Ⅳ～Ⅴ 类水占评价河长的 27.8%,劣 Ⅴ 类水占 35.4%(见图 2-9)。可见珠江三角洲地区水质明显劣于珠江片,水质污染问题还非常严峻,未来海平面上升将会加剧珠江口地区的水质污染。

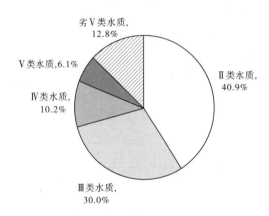

图 2-8　2008 年珠江片各类水质占评价河长百分比

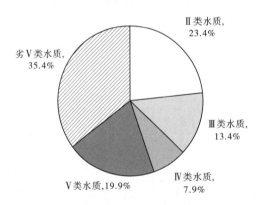

图 2-9　2008 年珠江三角洲各类水质占评价河长百分比

珠江口水资源的主要特点是:①本身资源有限,但客水资源丰富:三角洲本身径流只有约 293.88 亿 m³,但是由于它处在珠江下游,承泄整个流域(45.37 万 km²)的径流,所以总径流量达到 3 360 亿 m³,水资源量非常丰富。②时空分布不均匀:以年内分布来说,4～9 月丰水期的水量占全年的 70%～85%,10 月至次年 3 月仅占全年的 15%～30%;以年际变化来说,丰水年的水量是枯水年的 2 倍多。③地下水贫乏,可利用的地下水极少。④咸潮影响范围大。⑤水污染严重。⑥易受海平面上升的影响。珠江三角洲上承西江、北江及东江这三大江,下泄南海八口门,特别是枯季易造成滨海地区用水困难。

2.4　资料来源

2.4.1　水文数据来源

本研究用到的流量、潮位、水位、海平面、咸度等资料来自中华人民共和国水文年鉴珠江流域水文资料、水利部珠委(以下简称水利部珠委)、广东省水文局、国家海洋局、水资源公报、广东省水资源综合规划报告、珠江河口整治近期防洪实施工程可行性研究报告等。

2.4.2　河道地形资料来源

本研究所用的河道地形资料来源于水利部珠委、广东省水文局的实测数据。

2.4.3　气象资料来源

本研究中使用的气象资料主要来自国家气象局、水利部珠委、香港天文台、广东气象站等。

2.4.4　其他资料来源

本研究用到的河口区等资料来自《中国海湾志:第十四分册》(重要河口)等;社会经济数据来源于广东省及各市的统计年鉴、统计公报、《广东五十年》、《广东省水资源综合规划》各专题研究成果等。

2.5　小　结

本章首先介绍了珠江口的概况,然后详细分析了研究区珠江口的自然地理、水资源及社会经济状况,在此基础上,指出珠江口本身水资源有限,但客水资源丰富,水资源时空分布不均匀,地下水贫乏,咸潮影响范围大,水污染严重,易受海平面上升的影响。因此,珠江口特别是枯水期易造成用水困难。

第3章 变化环境下珠江口水资源分析与评价

在全球气候变化和人类活动耦合作用下,珠江口地区水资源情势发生了巨大变化。在这样的背景下,掌握珠江口水资源情势变化规律并对水资源开发利用进行评价,进而更好地指导水利工作、促进水资源的可持续开发利用是必要的。本章首先分析了珠江口西江、北江和东江水系水资源年际、年内变化趋势及成因,得出了水资源量,探讨了水质与环境生态现状,评价了水资源开发利用现状,得出了珠江三角洲地区各个城市水资源供需平衡分析结果和供水历时保证率及缺水量。

3.1 研究方法

3.1.1 年内分配不均匀系数

采用径流量年内分配不均匀系数 C_u 分析径流量的年内变化,径流量年内分配不均匀系数 C_u 计算公式如下

$$C_u = \sigma / \overline{R} \tag{3-1}$$

其中, $$\sigma = \sqrt{\frac{1}{12} \sum_{i=1}^{12} (R_i - \overline{R})^2}, \quad \overline{R} = \frac{1}{12} \sum_{i=1}^{12} R_i$$

式中 R_i ——年内各月径流量;

$\overline{R}$ ——年内月平均径流量。

C_u 值越大,则年内各月径流量差异越大,径流量年内分配越不均匀,从而反映对径流量调控难度较大。

3.1.2 年内分配完全调节系数

径流量年内分配完全调节系数 C_r 计算公式如下:

$$C_r = \sum_{i=1}^{12} \Phi_i (R_i - R) / \sum_{i=1}^{12} R_i \tag{3-2}$$

其中, $$\Phi_i = \begin{cases} 0, & R_i < R \\ 1, & R_i \geq R \end{cases}$$

年内分配完全调节系数 C_r 与年内分配不均匀系数 C_u 相似,值越大,则年内各月径流量(输沙量)年内分配越集中,即各月径流量(输沙量)差异越大。

3.1.3 集中程度

可用集中度 C_n 和集中期 D 表达径流量在年内各时段的集中程度以及最大径流量出

现的时段。集中度就是将各月的径流量分月按一定角度以向量方式累加,其各分量之和的合成量占年总量的百分数,反映径流量年内集中程度。集中期是指径流量向量合成后的方位,反映全年径流量集中的重心所出现的月份。集中度和集中期的计算如下。

12 个月的分量和构成合成量的水平、垂直分量: $R_x = \sum_{i=1}^{12} r_i \sin\theta_i$, $R_y = \sum_{i=1}^{12} r_i \cos\theta_i$;合成量 $R = \sqrt{R_x^2 + R_y^2}$,则

集中度:

$$C_n = R / \sum_{i=1}^{12} r_i \tag{3-3}$$

集中期:

$$D = \tan^{-1}(R_x/R_y) \tag{3-4}$$

式中　r_i——月平均径流量;

θ_i——各月对应的角度,本研究数据基于水文年,不考虑 2 月是 28 天或 29 天,不区分大月、小月,各月代表的角度 1 月为 15°、2 月为 45°,以后各月均按 30°累加所得,考虑到平面三角学的基本原理,正弦、余弦值由于所在象限中所具有的正、负号不相同,集中期计算时不仅要视 R 的正、负,而且要视 R_x、R_y 的正、负去决定 D 的大小及其所在象限或其角度值。

3.1.4　变化幅度

本书采用相对变化幅度,最大月平均径流量 R_{max}、最小月平均径流量 R_{min} 与年平均径流量 $\overline{R}$ 之比,分别称为极大比 C_{max} 和极小比 C_{min} , R_{max} 与 R_{min} 之比为极值比 C_m ,计算公式为

$$C_{max} = R_{max}/\overline{R} \tag{3-5}$$

$$C_{min} = R_{min}/\overline{R} \tag{3-6}$$

$$C_m = R_{max}/R_{min} \tag{3-7}$$

3.2　水文水资源变异分析

珠江口地区地处西江、北江和东江下游地区,注入境内的河流主要还有潭江、流溪河、增江、沙河、高明河,降雨充沛,河网发达,该地区水资源开发利用主要依赖上游入境水源和本地地表水资源,入境水量是本地水资源量的 5.1 倍。这里珠江三角洲地区水资源变异特征分析主要研究上游入境水资源的径流变化特征,分别选择高要、石角和博罗三个观测站点 1956~2008 年逐月实测径流资料,分析该地区西江、北江和东江三大水系水资源年内、年际变化趋势。

3.2.1　年际变化分析

年际变化分析主要通过年径流时间系列的过程线分析和斯波曼检验进行。由高要、石角和博罗三个站点的 1956~2008 年实测年径流资料计算可知,西江下游高要站多年平均年径流量为 2 195.44 亿 m³,北江下游石角站多年平均年径流量为 419.13 亿 m³,东江下游博罗站多年平均年径流量为 237.32 亿 m³,各站点实测年径流时间系列过程线如

图 3-1 所示。

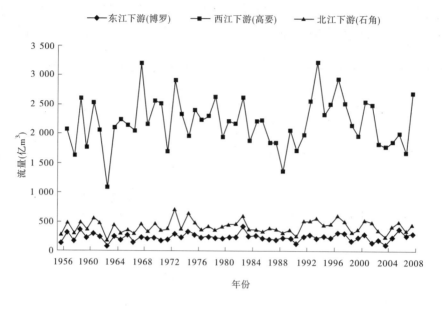

图 3-1　珠江三角洲地区主要控制站点年径流时间系列过程线

　　分析三个站点年径流过程变化趋势,高要、石角和博罗年径流过程在多年平均值上下波动,无明显突变。进一步用斯波曼检验分析三个序列变化规律,高要站年径流量有减少趋势但不显著,石角站和博罗站年径流量有增加趋势但不显著。

3.2.2　年内分配特征变化分析

　　年内分配特征主要采用年内分配不均匀系数 C_u、年内分配完全调节系数 C_r、集中程度 C_n 和极值比 C_m 等指标进行描述。结果如表 3-1 所示。

表 3-1　珠江三角洲地区各流域径流年内分配特征指标值

流域	年份	C_u	C_r	C_n	D	C_{max}	C_{min}
西江下游 （高要）	1956～1979	0.71	0.32	0.48	197.14	2.25	0.25
	1980～2008	0.68	0.30	0.46	194.34	2.27	0.30
	1956～2008	0.69	0.31	0.47	195.63	2.26	0.28
北江下游 （石角）	1956～1979	0.71	0.29	0.45	161.82	2.50	0.31
	1980～2008	0.61	0.27	0.42	158.51	2.13	0.33
	1956～2008	0.65	0.28	0.43	160.04	2.29	0.32
东江下游 （博罗）	1956～1979	0.59	0.25	0.37	189.33	2.42	0.41
	1980～2008	0.44	0.20	0.30	181.09	1.83	0.52
	1956～2008	0.50	0.22	0.33	185.18	2.10	0.47

分析表 3-1,比较西江高要、北江石角和东江博罗站 20 世纪 80 年代前后 C_u、C_r 和 C_n 值,均小于 80 年代之前的值,且小于多年平均值,这表明西江、北江和东江径流年内分配自 80 年代以来由不均匀向均匀变化。20 世纪 80 年代后的 D 值小于 80 年代之前的值,表明径流量年内分配集中的重心出现时间较以往有所提前。20 世纪 80 年代后 C_{min} 与 C_{max} 都大于 80 年代之前的值,且大于多年平均值,表明自 20 世纪 80 年代以来西江、北江和东江年内月径流最大值和最小值都有一定幅度的增加,年内丰枯比逐渐减小。

3.2.3　成因分析

上述数据分析表明,自 20 世纪 80 年代以来,珠江三角洲地区西江、北江和东江水系水资源变化趋势不完全一致。在年际变化上,西江下游呈不显著的减少趋势,北江下游和东江下游呈不显著的增加趋势。在年内分配上,西江下游、北江下游和东江下游由不均匀向均匀缓和变化。各水系变化趋势不同与各地区的气候影响因素及人类活动影响因素息息相关。

近年来,相关学者选用肯德尔检验分析了 1961~2000 年珠江三角洲地区主要来水区域年内降水变化趋势情况,M 值计算结果见表 3-2,其中 M 代表 40 多年的增减趋势,正值代表增加,负值代表减少,M 绝对值越大代表趋势越明显。

表 3-2　珠江三角洲地区主要来水区域 1961~2000 年年内降水变化趋势 M 值

区域	1月	2月	3月	4月	5月	6月	7月	8月	9月	10月	11月	12月	汛期	主汛期	非汛期	全年
西江干流	1.33	0.79	1.56	-0.58	0.68	-0.3	0.72	-1.33	-1.05	-0.68	-1.07	0.07	-0.69	0.56	0.49	-0.12
北江	1.14	1.63	1.84	0.42	-0.58	-1.03	1.54	-0.09	0.26	-1.14	-0.65	-0.3	-0.55	-0.54	1.21	0.56
东江	0.93	1.03	1.28	1.05	-1.33	-0.44	1.03	1.3	0.65	-0.75	-0.58	0.96	0.02	-0.91	1.3	1.1

表 3-2 表明,东江流域降水量有增加趋势,而且流域主汛期降水量有减少趋势,非汛期降水量有较明显的增加趋势,表明东江流域降水年内分配趋向于缓和;在人类影响方面,自 20 世纪 60 年代开始东江流域陆续修建了大批水利工程,特别是 20 世纪 70 年代后新丰江、枫树坝和白盆珠三大水库在枯季对径流联合调节作用日趋明显,使得东江下游径流量年内分配趋于平缓。

北江流域近 40 多年来降水量略有增加趋势,而且流域主汛期降水有减少趋势,非汛期降水量有较明显的增加趋势,表明北江流域降水年内分配趋向缓和;在人类影响方面,自 20 世纪 70 年代开始北江流域陆续修建了一批水利枢纽工程,特别是流域中游 90 年代建成运行的飞来峡水利枢纽,对流域年内径流分配的平缓调节起重要作用。

在西江流域,降水研究资料表明,西江干流近 40 多年来降水量呈微弱减少趋势,而且在汛期降水量有减少趋势,非汛期降水量有增加趋势,表明该区域降水年内分配趋向缓和。西江下游径流量变化趋势与来水区域降水变化趋势基本一致。在人类影响方面,自 20 世纪 70 年代以来西江流域已建成大中型水库 236 座,总库容 206.02 亿 m^3,调洪库容 75.55 亿 m^3,对流域径流年内分配的缓和调节起到重要作用。各流域水库汇总见表 3-3。

表 3-3　珠江三角洲地区主要来水区域已建大中型水库汇总

流域	数量(座)	总库容(亿 m³)	调洪库容(亿 m³)
西江	236	206.02	75.55
北江	47	50.05	20.19
东江	39	180.44	43.73

3.3　水资源量计算

3.3.1　降水

3.3.1.1　降水地区分布

珠江三角洲地区地处低纬,濒临南海,属亚热带季风气候,水汽充足,降水丰沛。但由于地形复杂,山区、丘陵、平原交错,降水受水汽来源、地形影响明显,降水量的空间分布很不均匀,地区之间差异较大,各地多年平均年降水量为 1 571 ~ 2 033 mm,多年平均年降水量为 1 808 mm,高于全省平均值。受海洋调节作用影响,近内陆地区为低值区,如佛山、肇庆等,低值区中心最小为佛山 1 571 mm;近海洋地区为高值区,如珠海、江门等,高值区中心最大为珠海 2 033 mm,见表 3-4。

表 3-4　珠江三角洲地区各行政区 1956 ~ 2008 年降水量特征值

片区	地市级行政区	计算面积(km²)	统计参数			不同降水频率年降水量(mm)						
			年均值(mm)	C_v	C_s/C_v	10%	20%	50%	75%	90%	95%	97%
西江干流片区	肇庆	14 857	1 649	0.14	2.00	1 950	1 839	1 638	1 488	1 361	1 288	1 243
西北江三角洲中上游片区	广州	7 222	1 846	0.16	2.00	2 233	2 089	1 830	1 639	1 479	1 389	1 332
	佛山	3 813	1 571	0.18	2.00	1 942	1 802	1 554	1 372	1 221	1 136	1 084
	中山	1 680	1 765	0.21	2.00	2 253	2 067	1 739	1 503	1 310	1 203	1 136
	珠海	1 365	2 033	0.23	2.00	2 650	2 412	1 997	1 701	1 461	1 329	1 248
	江门	9 372	2 014	0.20	2.00	2 544	2 342	1 987	1 729	1 518	1 400	1 327
东江片区	深圳	1 864	1 901	0.20	2.00	2 402	2 211	1 876	1 633	1 433	1 322	1 253
	东莞	2 465	1 683	0.17	2.00	2 059	1 918	1 667	1 483	1 329	1 242	1 188
	惠州	11 173	1 895	0.17	2.00	2 318	2 159	1 877	1 669	1 496	1 398	1 337
合计		53 811	1 808	0.18	2.00	2 236	2 075	1 789	1 579	1 406	1 308	1 247

3.3.1.2　降水的年内变化

珠江三角洲地区降水量年内分配不均匀。分析广州、南沙、三水、紫洞等雨量代表站多年降水量逐月分布情况,连续最大 4 个月降水量多出现在 5 ~ 8 月,占年降水量的 59% ~ 65%。最大月降水量多出现于 6 ~ 8 月,汛期 4 ~ 9 月多年平均降水量占多年平均年降水量的 80% ~ 84%。

3.3.1.3　降水的年际变化

各站降水的年际差异较大。比较不同站点的多年降水统计成果,年降水量丰枯极值比最大的是珠海的三灶,达 3.82,最大年降水量为 1997 年的 3 023 mm,最小年降水量为 1991 年的 791 mm。年降水量丰枯极值比最小的是广州蒸发站,为 1.79,最大年降水量为 1965 年的 2 242 mm,最小年降水量为 1977 年的 1 253 mm。

3.3.2　水面蒸发

本次评价共收集统计了 23 个站点 1980 ~ 2008 年的水面蒸发资料。珠江三角洲地区近海,风速大、日照时间长、气温高,蒸发量大,各代表站数值介于 890 ~ 1 120 mm,自东南向西北逐渐降低。东莞位于东南部,靠近沿海,多年平均年水面蒸发量 1 120.3 mm,为全地区最大;双桥站位于西北部,靠近内陆,多年平均年水面蒸发量 891.0 mm,为全地区最小。

从各代表站水面蒸发量的逐月分布情况来看,大部分站点 7 月蒸发量最大,2 月蒸发量最小,最大蒸发量与最小蒸发量比值在 2.2 ~ 2.9。5 ~ 11 月为蒸发量最大的时期,其多年平均蒸发量占全年蒸发量的 69% ~ 76%。

3.3.3　径流

3.3.3.1　年径流的地区分布

由于珠江三角洲地区径流完全由降水补给,故多年平均年径流深的分布趋势及高低值区分布与多年平均年降水量情况是一致的。依据我国径流深的划分标准,年径流深大于 800 mm 的为丰水带,200 ~ 800 mm 的为多水带,小于 200 mm 的为过渡带和少水带。根据广东省年径流地区分布的特点,大致以径流深等值线 1 000 mm 线划分为高值区和低值区。珠江三角洲地区多年平均径流深为 1 044.9 mm,属高值区,其中东部片区(包括惠州、东莞、深圳和广州市增城地区)为 1 073.4 mm,西部片区(包括东部片区以外地区)为 1 031.5 mm,就 9 个地市的年径流深看,低值区范围在东莞、佛山和肇庆一带,平均年径流深为 700 ~ 950 mm,高值区范围在江门和珠海一带,平均年径流深在 1 200 mm 以上。

3.3.3.2　年径流的年内分配

珠江三角洲地区径流全由降水产生,径流的年内分配基本上与降水的年内分配一致。按照不同自然地理条件,选取高要、石角和博罗站 3 个代表站 1956 ~ 2008 年的逐月径流进行径流年内分配分析,并统计了汛期径流占全年径流的比例,汛期径流一般占全年径流的 70% ~ 80%。对于多年平均天然年径流的年内分配,是计算各月天然年径流量的多年平均值及其与多年平均天然年径流量的比值(以百分数表示),见表 3-5。

表 3-5　珠江三角洲地区径流代表站天然径流量月分配　（%）

测站名称	所在河流	1 月	2 月	3 月	4 月	5 月	6 月	7 月	8 月	9 月	10 月	11 月	12 月
高要	西江	2.4	2.4	3.4	6.0	10.8	16.5	18.3	15.9	10.5	6.4	4.5	2.9
石角	北江	2.8	3.6	6.8	12.0	16.9	19.0	11.8	9.5	6.8	4.7	3.4	2.7
博罗	东江	3.0	3.5	5.3	8.7	13.2	19.2	12.6	11.9	9.9	6.0	3.7	3.0

3.3.3.3　年际变化分析

年径流的多年变化一般指年径流量年际间的变化幅度和多年变化过程。年际变幅通常用年径流量变差系数 C_v 值、实测最大年径流量与最小年径流量的比值来表示。C_v 值大,表明年径流量年际变化剧烈;C_v 值小,表明年径流量年际变化缓和。珠江三角洲地区各代表站最大年径流量是最小年径流量的 3.0 ~ 4.6 倍。各代表站径流量年际变化情况见表 3-6。

表 3-6　各代表站 1956 ~ 2008 年径流量年际变化情况

站点	均值（亿 m^3）	C_v	年最大值		年最小值		丰枯极值比
			径流量（亿 m^3）	出现年份	径流量（亿 m^3）	出现年份	
高要	2 300	0.18	3 235	1994	1 068	1963	3.0
石角	437	0.25	722	1973	163	1963	4.4
博罗	241	0.30	413	1983	89	1963	4.6

各代表站 1956 ~ 2008 年各分段系列年径流量变化见表 3-7。分析表 3-7,珠江三角洲地区三个代表站 1980 ~ 2008 年系列径流深均值都大于 1956 ~ 1979 年系列径流深均值,三站合计两系列相差 1.7%。20 世纪 80 年代以后,珠江三角洲地区各代表站的各年段径流量均值的变化并不一致。高要站各年段径流量均值变化较大,逐年段增加或减小比率在 10% ~ 20%;石角站各年段径流量均值变化稍小,逐年段增加或减小比率在 10% 左右;博罗站各年段径流量均值变化较小,逐年段增加或减小比率均在 5% 以下。

表 3-7　1956 ~ 2008 年各分段系列年径流量变化

站点	各年段径流量均值(亿 m^3)				
	1956 ~ 1979	1980 ~ 2008	1980 ~ 1989	1990 ~ 1999	2000 ~ 2008
高要	2 275	2 300	2 152	2 523	2 217
石角	420	437	419	463	427
博罗	233	241	248	236	240

3.3.4　地表水资源量

地表水资源量是指河流、湖泊等地表水体中由当地降水形成的可以逐年更新的动态水量,用天然河川径流量即还原后的多年平均天然河川年径流量表示。地表水资源量评价的主要内容包括分区地表水资源量、出入境水量和入海水量等。

3.3.4.1 分区地表水资源量分析

珠江三角洲地区地表水资源量多年平均年径流量为 562.29 亿 m³。其中,肇庆地表水资源量最大,为 139.04 亿 m³,占整个地区地表水资源量的 24.7%;中山地表水资源量最小,为 16.96 亿 m³,占整个地区地表水资源量的 3.0%。水资源分区各频率地表水资源量见表 3-8。

表 3-8 珠江三角洲地区各行政区 1956~2008 年地表水资源量特征值

片区	地市级行政区	计算面积(km²)	统计参数			不同来水频率天然年径流量(亿 m³)						
			年均值(亿 m³)	C_v	C_s/C_v	10%	20%	50%	75%	90%	95%	97%
西江干流片区	肇庆	14 857	139.04	0.30	2.00	188.8	169.3	135.7	112.2	93.6	83.6	77.5
西北江三角洲中上游片区	广州	7 222	74.67	0.27	2.00	103.4	92.0	72.6	59.2	48.6	43.0	39.5
	佛山	3813	28.35	0.31	2.00	40.0	35.4	27.4	22.0	17.8	15.6	14.3
西北江三角洲中下游片区	中山	1 680	16.96	0.30	2.00	24.0	21.2	16.4	13.2	10.7	9.3	8.5
	珠海	1 365	17.37	0.31	2.00	24.8	21.8	16.8	13.4	10.7	9.3	8.5
	江门	9 372	118.80	0.30	2.00	167.8	148.2	115.0	92.3	74.7	65.4	59.8
东江片区	深圳	1 864	20.79	0.29	2.00	29.1	25.8	20.2	16.3	13.3	11.7	10.7
	东莞	2 465	22.62	0.31	2.00	31.6	28.0	21.9	17.8	14.5	12.7	11.7
	惠州	11 173	123.68	0.32	2.00	173.0	153.3	120.0	97.1	79.1	69.6	63.8
合计		53 811	562.29	0.31	2.00	782.5	695.0	546.0	443.5	363.0	320.2	294.3

折合成径流深,珠江三角洲地区年径流深最大为珠海 1 272.5 mm,其次为江门 1 267.6 mm;最小为佛山 743.5 mm,其次为东莞 917.6 mm。年径流深分布与降水分布特征类似,与该地区大气降水是水资源的总补给源这一情况相符合。

3.3.4.2 出入境水量

珠江三角洲地区水网密布,入境水占较大比重,珠江三角洲地区用水对入境水的依赖程度高。本次规划主要考虑广州、深圳、珠海、惠州、东莞、佛山、中山、江门、肇庆 9 市,根据其地理方位将整个珠江三角洲地区划分为东江片区和西北江片区,其中东江片区包括东莞、深圳、惠州和广州增城地区,西北江片区包括余下地区。东江片区入境水量通过博罗等站的天然还原径流过程,再扣除各站点以上地区本地水资源量求得。西北江片区入境水量主要通过高要、石角 2 代表站的天然还原径流过程求得。此外,在本次规划中,把没有考虑到的西北江三角洲部分地区(主要指西北江三角洲云浮、阳江)天然入境水量当作入境水资源考虑。入境水量计算成果如表 3-9 所示,整个珠江三角洲地区入境水量合计为 2 863.68 亿 m³。

表 3-9　珠江三角洲地区入境水量计算成果　　（单位：亿 m³）

地区	珠江三角洲地区	东江片区	西北江片区
入境水量	2 863.68	152.57	2 711.11

3.3.4.3　入海水量

珠江三角洲地区由于无水文站控制，其入海水量用珠江三角洲地区入境水量加上珠江三角洲地区本地水资源量，再扣除农业、工业及城镇生活用水耗损量后计算得到。经分析，珠江三角洲地区入境水量为 2 863.68 亿 m³，本地地表水资源量为 562.29 亿 m³，珠江三角洲地区多年平均耗水量为 97.00 亿 m³，入海水量为 3 328.97 亿 m³，占全省总入海水量的 83.3%。

3.3.5　地下水资源量

珠江三角洲地区多年平均(1956～2008 年)地下水资源量为 132.95 亿 m³，地下水资源量模数为 24.7 万 m³/(km²·a)，地下水资源量与地表水资源量间重复计算量为 129.07 亿 m³。本地区降水丰富，地下水主要由降雨补给，多年平均降水入渗补给量为 128.87 亿 m³。肇庆多年地下水资源量最大，为 41.41 亿 m³，占 31.1%；珠海多年平均地下水资源量最小，为 2.09 亿 m³，占 1.6%。各行政区多年平均浅层地下水资源量成果如表 3-10 所示。

表 3-10　珠江三角洲地区各行政区多年平均浅层地下水资源量成果

片区	地市级行政区	计算面积（km²）	降水入渗补给量（亿 m³）	降水入渗补给量模数（万 m³/(km²·a))	地下水资源量与地表水资源量间重复计算量(亿 m³)	地下水资源量（亿 m³）	地下水资源量模数（万 m³/(km²·a))
西江干流片区	肇庆	14 857	41.74	28.50	41.31	41.41	27.90
西北江三角洲中上游片区	广州	7 222	13.79	28.10	13.99	14.98	20.70
	佛山	3 813	5.68	11.80	5.83	6.91	18.10
西北江三角洲中下游片区	中山	1 680	1.99	23.00	2.13	2.64	15.70
	珠海	1 365	1.56	14.90	1.68	2.09	15.30
	江门	9 372	22.75	21.10	22.84	23.18	24.70
东江片区	深圳	1 864	4.29	19.10	4.35	4.37	23.50
	东莞	2 465	5.20	24.30	5.17	5.54	22.50
	惠州	11 173	31.87	11.40	31.76	31.81	28.50
合计		53 811	128.87	23.90	129.06	132.93	24.70

3.3.6　水资源总量

某个区域内的水资源总量是指当地大气降水形成的地表和地下产水量,地表产水量以地表径流 R_s 表示,地下产水量由降水入渗补给地下水量 U_p,则水资源总量 W 基本表达式为

$$W = R_s + U_p = R + U_p - R_g \tag{3-8}$$

式中　R——河川径流量(地表水资源量);

　　　R_g——河川基流量。

地表水和地下水是水资源的两种表现形式,它们之间互相联系又互相转化,河川径流中包括一部分地下水排泄量,地下水补给量中又有一部分来源于地表水体中的下渗补给。

珠江三角洲地区多年平均(1956～2008 年)地表水资源量为 562.29 亿 m^3,多年平均地下水资源量为 132.95 亿 m^3,地下水资源量与地表水资源量间重复计算量为 129.07 亿 m^3,多年平均水资源总量为 566.17 亿 m^3,折合年径流深 1 052.1 mm。水资源总量最大的为肇庆 139.15 亿 m^3,最小的为中山 17.47 亿 m^3;折合年径流深,最大的为珠海 1 302.4 mm,最小的为佛山 771.8 mm。全地区多年平均产水模数为 105.2 万 $m^3/(km^2 \cdot a)$,产水模数最高的为珠海 130.2 万 $m^3/(km^2 \cdot a)$,最低的为佛山 77.2 万 $m^3/(km^2 \cdot a)$。全地区多年平均产水系数为 0.58,最高为珠海,达到 0.64,最低为佛山,为 0.49。产水情况与降水规模相符合。珠江三角洲地区水资源总量统计特征值见表 3-11。

表 3-11　珠江三角洲地区各行政区 1956～2008 年水资源总量统计特征

片区	地市级行政区	计算面积 F (km^2)	地表水资源量 R (万 m^3)	地下水资源量 Q (万 m^3)	地表水与地下水重复量 (万 m^3)	水资源总量 W (万 m^3)	产水模数 (万 m^3/($km^2 \cdot a$))	年降水量 P (mm)	产水系数 (10 W/($F \cdot P$))	Q/W (%)
西江干流片区	肇庆	14 857	1 390 432	414 147	413 074	1 391 505	93.7	1 648.5	0.57	29.8
西北江三角洲中上游片区	广州	7 222	746 712	149 818	139 945	756 585	104.8	1 846.1	0.57	19.8
	佛山	3 813	283 494	69 138	58 337	294 294	77.2	1 570.6	0.49	23.5
西北江三角洲中下游片区	中山	1 680	169 628	26 413	21 348	174 693	104.0	1 764.9	0.59	15.1
	珠海	1 365	173 685	20 938	16 847	177 777	130.2	2 032.6	0.64	11.8
	江门	9 372	1 188 041	231 793	228 359	1 191 474	127.1	2 013.6	0.63	19.5
东江片区	深圳	1 864	207 887	43 748	43 461	208 174	111.7	1 900.9	0.59	21.0
	东莞	2 465	226 187	55 422	51 704	229 905	93.3	1 683.4	0.55	24.1
	惠州	11 173	1 236 808	318 075	317 631	1 237 252	110.7	1 894.9	0.58	25.7
合计		53 811	5 622 874	1 329 492	1 290 706	5 661 659	105.2	1 808.0	0.58	23.5

3.4　水质与环境生态现状评价及趋势分析

3.4.1　河流泥沙评价

珠江三角洲地区多年平均含沙量 0.27 kg/m³,多年平均输沙量达 8 043 万 t。含沙量年内变化显著,汛期 4~9 月含沙量在 0.143~0.53 kg/m³,非汛期含沙量在 0.023~0.07 kg/m³,一般涨水时的含沙量大于退水时的含沙量。输沙量的年际变化与径流的年际变化相应,即丰水年多沙、枯水年少沙。

珠江三角洲地区输沙量主要来自西江,高要站多年平均输沙量 7 100 万 t,占珠江三角洲地区总输沙量的 88.28%;北江(石角和石狗站)多年平均输沙量 647 万 t,占珠江三角洲地区总输沙量的 8.04%;东江(博罗站)多年平均输沙量 296 万 t,占珠江三角洲地区总输沙量的 3.68%。发源于当地丘陵区的河冲、沟溪,由于流域面积较小,植被良好,径流量小,因而含沙输沙量甚少。

3.4.2　地表水质现状评价

3.4.2.1　河流水质现状评价

2008 年,全年综合评价河长为 1 610.6 km,水质为Ⅱ类的河长有 537.0 km,占 33.3%;Ⅲ类的有 274.3 km,占 17.0%;Ⅳ类的有 74.0 km,占 4.6%;Ⅴ类的有 282.0 km,占 17.5%;劣Ⅴ类的有 444.3 km,占 27.6%。主要超标河道为西江干流水道、北江干流水道、潭州水道、小榄水道、容桂水道、东海水道、西海水道、顺德水道、平洲水道、陈村水道、鸡鸦水道、洪奇沥水道、江门水道、北街水道、上横沥、下横沥、黄杨河、紫坭河、磨刀门水道上游、横门水道上游、蕉门水道上游、虎跳门水道上游、崖门水道上游、流溪河人和段以上、增江荔城以上、潭江中上游水质优良,为Ⅱ~Ⅲ类;西南涌、白坭河、广州西航道、广州前航道、广州后航道、三枝香水道、莲花山水道、大石水道、黄埔水道、平洲水道、市桥水道、番禺水道、沙湾水道、汾江河、佛山水道、石岐河、前山河、天沙河、磨刀门水道下游、横门水道下游、蕉门水道下游、虎跳门水道下游、崖门水道下游以及东江三角洲网河区水质以Ⅴ类及劣Ⅴ类为主,属有机污染类型,主要超标污染项目为溶解氧、高锰酸盐指数、总磷、五日生化需氧量、氨氮、氯化物、粪大肠菌群、铁等。珠江八大口门水域除虎门为Ⅲ类,其余均劣于Ⅲ类,污染项目主要为粪大肠菌群。

2008 年,东江三角洲全年评价河长为 126.0 km,水质为Ⅲ类的河长有 28.0 km,占总评价河长的 22.2%,Ⅴ类的有 57.0 km,占 45.3%,劣Ⅴ类的有 41.0 km,占 32.5%,主要超标项目为溶解氧、五日生化需氧量、氨氮、高锰酸盐指数、总磷。东江三角洲汛期评价河长为 126.0 km,水质为Ⅳ类的河长有 35.0 km,占总评价河长的 27.8%,Ⅴ类的有 50.0 km,占 39.7%,劣Ⅴ类的有 41.0 km,占 32.5%,主要超标项目为溶解氧、五日生化需氧量、氨氮、高锰酸盐指数、总磷。东江三角洲非汛期评价河长为 126.0 km,水质为Ⅲ类的河长有 28.0 km,占总评价河长的 22.2%,Ⅴ类的有 37.0 km,占 29.4%,劣Ⅴ类的有 41.0 km,占 32.5%,主要超标项目为溶解氧、五日生化需氧量、氨氮、高锰酸盐指数、总磷。

2008 年,西北江三角洲全年评价河长为 1 484.6 km,水质为Ⅱ类的有 537.0 km,占总评价河长的 36.2%,Ⅲ类的有 246.1 km,占 16.6%,Ⅳ类的有 74.0 km,占 5.0%,Ⅴ类的有 224.5 km,占 15.1%,劣Ⅴ类的有 403.0 km,占 27.1%,主要超标项目为溶解氧、高锰酸盐指数、总磷、五日生化需氧量、氨氮、氯化物、粪大肠菌群、铁。西北江三角洲汛期评价河长为 1 484.6 km,水质为Ⅰ类的有 113.0 km,占总评价河长的 7.6%,水质为Ⅱ类的有 358.0 km,占 24.1%,Ⅲ类的有 342.0 km,占 23.0%,Ⅳ类的有 125.0 km,占 8.4%,Ⅴ类的有 70.5 km,占 4.8%,劣Ⅴ类的有 476.1 km,占 32.1%,主要超标项目为溶解氧、高锰酸盐指数、总磷、五日生化需氧量、氨氮、粪大肠菌群、铁。西北江三角洲非汛期评价河长为 1 484.6 km,水质为Ⅱ类的有 462.0 km,占总评价河长的 31.1%,Ⅲ类的有 403.5 km,占 27.2%,Ⅳ类的有 128.1 km,占 8.6%,Ⅴ类的有 147.0 km,占 9.9%,劣Ⅴ类的有 344.0 km,占 23.2%,主要超标项目为溶解氧、高锰酸盐指数、总磷、五日生化需氧量、氨氮、氯化物、粪大肠菌群、铁。

3.4.2.2　趋势分析

近年来,随着社会经济的快速发展,河道外取水量增大导致废污水排放量明显增大,河流水体污染日趋严重。2000 年珠江三角洲地区各地市废污水排放总量(不包括火电和尾矿废污水)为 64.24 亿 t,至 2008 年各地市排放总量达 85.47 亿 t,增加 33.05%。在各地市中,除江门略有减少外,其他 8 个地市均有不同程度的增加,以东莞增加量最大,达 6.24 亿 t。各地市 2000 年与 2008 年废污水排放量见表 3-12,其变化情况见图 3-2。

表 3-12　珠江三角洲地区各地市 2000 年与 2008 年废污水排放量

片区	地市级行政区	废污水排放量(亿 t)		
		2000 年	2008 年	增加量
西江干流片区	肇庆	3.65	3.82	0.17
西北江三角洲中上游片区	广州	22.37	24	1.63
	佛山	10.75	11.61	0.86
西北江三角洲中下游片区	中山	1.97	6.42	4.45
	珠海	1.88	2.22	0.34
	江门	5.62	5.15	-0.47
东江片区	深圳	8.88	12.45	3.57
	东莞	6.99	13.23	6.24
	惠州	2.13	6.57	4.44
合计		64.24	85.47	21.23

废污水排放量的增多使地区水质呈恶化趋势。2000 年全年评价河长的水质达标率为 59%,汛期评价河长的水质达标率为 59%,非汛期评价河长的水质达标率为 63%;2008 年全年评价河长的水质达标率为 50.3%,汛期评价河长的水质达标率为 50.4%,非汛期评价河长的水质达标率为 55.6%。由此可看出,2008 年的河流水质达标率较 2000 年的

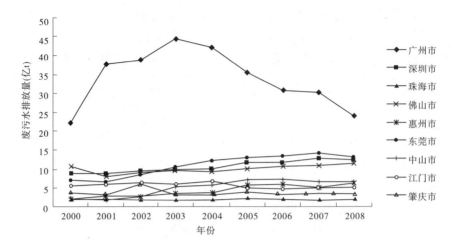

图 3-2　珠江三角洲地区各地市 2000～2008 年废污水排放量变化情况

低,且 2000 年全年评价河长的水质达标率 44.3%,同样高于 2008 年的 26.9%。

3.4.3　咸潮分析

3.4.3.1　枯水期咸潮演变趋势分析

近些年来,咸潮问题已成为珠江三角洲地区,特别是沿海几个城市供水的主要问题之一。根据珠江入海八大口门主要代表站 2004～2008 年枯水期的咸度资料,重点选用磨刀门水道的广昌泵站、平岗泵站等站点为代表站,研究近几年来珠江三角洲地区网河区咸潮变化趋势。

自 2004 年以来连续几年珠江三角洲地区受咸潮影响比较大。下面对磨刀门水道广昌泵站和平岗泵站 2004～2008 年历年咸潮情况做对比分析。从广昌泵站的情况来看,2004～2008 年咸潮最严重的是 2007～2008 年,尽管咸潮历时不是最长的,但浓度较其他年份高,平岗泵站咸潮浓度多次超过 5 000 mg/L;其次是 2005～2006 年,不仅历时最长,咸潮出现早,而且在 9 月下旬咸潮浓度就超过 5 000 mg/L,且多次超过 5 000 mg/L;2004～2005 年、2006～2007 年咸潮相对较弱,历时也较短。广昌泵站历年咸潮情况见图 3-3。从平岗泵站的情况看,2004～2008 年咸潮最严重的是 2005～2006 年,不仅咸潮历时长、出现早,而且浓度较高,2 次超过 4 000 mg/L;其次是 2007～2008 年咸潮,历时虽较短,但咸潮浓度多次超过 2 000 mg/L;再次为 2006～2007 年咸潮,历时较短,但也有 2 次超过 2 000 mg/L;2004～2005 年咸潮相对较弱,历时也较短。平岗泵站历年咸潮情况见图 3-4。

3.4.3.2　咸潮影响因素分析

咸潮上溯属于沿海地区一种季候性自然现象,与入海河道上游来水量和外海天文潮等因素紧密相关,多发生在河流枯水期,特别是同期发生天文大潮时,影响更大。珠江三角洲地区入海口地区近年来咸潮不断加重主要有以下两方面因素:一是枯季上游来水量减少。近些年气候反常,雨量失调,秋、冬、春季雨水持续偏少。据调查,2003 年珠江流域降雨比多年平均减少 2 成以上,加上 2004 年入冬以来降雨锐减导致地区水库蓄水量、江

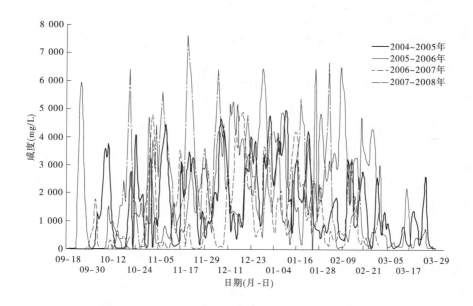

图 3-3　广昌泵站 2004 ~ 2008 年咸潮年度对比

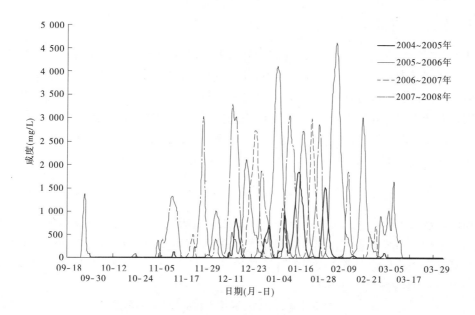

图 3-4　平岗泵站 2004 ~ 2008 年咸潮年度对比

河流量严重减少。2005 ~ 2006 年特大咸潮就发生在上游来水小于常年水平的情况下。二是外海天文潮的加强作用。一般情况下,如果枯水季节碰上外海天文大潮,则咸潮上潮的范围及影响程度将显著增强。2006 年 2 月 28 日太阳、月球和地球排成一直线,引发"朔望大潮",同一天内,月球运行至距离地球最近点,引发"近地大潮",造成 2006 年初的咸潮影响非常严重。除以上自然因素外,河道采砂、生产和生活用水增加等人类活动因素也进一步加剧咸潮的影响。采砂活动使河道河床下切、河道涌容大幅增大,潮汐上溯动力增强;同时,河流沿岸用水急剧增加导致江河水流量减少,使咸潮入侵日益严重。

3.5 可利用水量

3.5.1 地表水资源可利用量

地表水资源可利用量是指在可预见的时期内,在统筹考虑河道内生态环境和其他用水的基础上,通过经济合理、技术可行的措施,在流域(或水系)地表水资源量中,可供河道外生活、生产、生态用水的一次性最大水量(不包括回归水的重复利用)。珠江三角洲地区多年平均当地产水量为562.29亿 m^3,多年平均入境水量为2 863.68亿 m^3,两者总和为3 425.97亿 m^3;珠江三角洲地区非汛期河道内生态需水量取非汛期水量的30%,其值为192.67亿 m^3;预测该地区2020年具备供水功能的调蓄量约为122亿 m^3,用水消耗量为50亿 m^3;珠江三角洲地区汛期多年平均天然径流总量为2 659.64亿 m^3,减去前两者可以推算得到珠江三角洲地区汛期难于控制利用的水量(主要是洪水)为2 487.64亿 m^3,多年平均地表水资源可利用量为746.46亿 m^3,可利用率为21.79%。

3.5.2 地下水资源可开采量

地下水资源可开采量指在可预见的时期内,通过经济合理、技术可行的措施,在不致引起生态环境恶化条件下允许从含水层中获取的最大水量。地下水资源可开采量按照不同的地下水评价类型区分别采用不同的方法进行分析计算。平原区多年平均浅层地下水资源可开采量采用可开采系数法计算得到;山丘区多年平均浅层地下水资源可开采量采用水文地质比拟法估算。由此分析得出,珠江三角洲地区地下水资源量为132.95亿 m^3,地下水可开采量为102.98亿 m^3,地下水与地表水不重复可开采量为2.95亿 m^3。

3.5.3 水资源可利用总量

在地表水资源和地下水资源可开采量计算成果基础上,分析主要流域水系的水资源可利用总量情况。水资源可利用总量的计算,采取地表水资源可利用量与浅层地下水资源可开采量相加再扣除两者之间重复计算量的方法估算。珠江三角洲地区的水资源可利用总量为749.41亿 m^3,见表3-13。

表3-13 珠江三角洲地区多年平均水资源可利用总量 （单位:亿 m^3）

地区	地表水可利用量	地下水与地表水不重复可利用量	水资源可利用总量
珠江三角洲地区	746.46	2.95	749.41

3.6　水资源开发利用现状调查评价

3.6.1　社会经济指标调查分析

3.6.1.1　人口与城市化进程变化趋势分析

1. 现状人口基本情况

现状人口按新口径统计,即常住人口统计口径。具体统计分析结果见表 3-14。2008年,珠江三角洲地区年末常住人口 4 771.8 万人,城镇人口为 3 868 万人,农村人口为903.45 万人。其中广州市人口最多,为 1 018.2 万人,占珠江三角洲地区总人口的21.34%;珠海市人口最少,为 148.11 万人,占珠江三角洲地区总人口的 3.1%。

表 3-14　珠江三角洲地区现状人口情况

片区	地市级行政区	2008 年人口（万人）			城镇化率（%）
		城镇	农村	合计	
西江干流片区	肇庆	170.72	209.57	380.29	44.89
西北江三角洲中上游片区	广州	837.26	180.94	1 018.2	82.23
	佛山	595.29	0	595.29	100
西北江三角洲中下游片区	中山	216.3	34.79	251.09	86.14
	珠海	126.1	22.01	148.11	85.14
	江门	204.84	209.43	414.27	49.45
东江片区	深圳	876.8	0	876.83	100
	东莞	600.4	94.62	694.98	86.38
	惠州	240.6	152.09	392.71	61.27
合计		3 868	903.45	4 771.8	81.07

2. 人口增长趋势

在人口增长趋势分析中,2000 年前统计人口均为原口径,2000 年后统计人口为新口径。珠江三角洲地区,在 1980～1995 年期间,人口快速增长,其总人口年平均增长率在1.77%～2.58%,增长率最为明显的是深圳市,其年均增长率在 10% 以上。随着人口基数的增大,人口年均增长率逐渐降低,2000～2008 年期间年均增长率降低至 1.18%～1.62%。按新口径统计,2000～2008 年珠江三角洲地区总人口净增长 484.8 万人,在流动人口相对较多的广州、深圳、东莞等地市,人口增长率相对较快,详见表 3-15。

表 3-15 珠江三角洲地区人口增长变化情况

片区	地市级行政区	项目	年份						
			1980	1985	1990	1995	2000*	2005*	2008*
西江干流片区	肇庆	人口(万人)	285	304	322	341	337.14	367.6	380.3
		增长率(%)	—	1.3	1.16	1.15	—	1.74	1.14
西北江三角洲中上游片区	广州	人口(万人)	502	541	579	619	994.3	949.68	1 018.2
		增长率(%)	—	1.51	1.37	1.35	—	-0.91	2.35
	佛山	人口(万人)	238	253	279	311	533.79	580.03	595.3
		增长率(%)	—	1.23	1.98	2.2	—	1.68	0.87
西北江三角洲中下游片区	中山	人口(万人)	102	105	115	125	236.35	243.46	251.1
		增长率(%)	—	0.58	1.84	1.68	—	0.59	1.04
	珠海	人口(万人)	37	41	73	101	123.56	141.57	148.1
		增长率(%)	—	2.07	12.23	6.71	—	2.76	1.51
	江门	人口(万人)	320	330	344	356	395.03	410.29	414.3
		增长率(%)	—	0.62	0.83	0.69	—	0.76	0.32
东江片区	深圳	人口(万人)	33	88	197	330	700.84	827.75	876.8
		增长率(%)	—	21.67	17.49	10.87	—	3.38	1.94
	东莞	人口(万人)	113	120	129	137	644.57	656.07	695
		增长率(%)	—	1.21	1.46	1.21	—	0.35	1.94
	惠州	人口(万人)	192	207	220	245	321.63	370.69	392.7
		增长率(%)	—	1.52	1.23	2.18	—	2.88	1.94
合计		人口(万人)	1 822	1 989	2 258	2 565	4 287	4 547.1	4 771.8
		增长率(%)	—	1.77	2.57	2.58	—	1.18	1.62

注:*2000 年以前为原口径(户籍人口),2000 年以后采用新口径(常住人口)。

3.6.1.2 GDP 与工业总产值变化趋势分析

1. GDP 增长趋势

1980 ~ 2008 年,珠江三角洲地区经济迅速发展,GDP 一直保持年增长率高于 10% 的高速增长趋势。至 2008 年珠江三角洲地区 GDP 达到 29 746 亿元,其中广州市 GDP 达到 8 215.8 亿元,肇庆市 GDP 为 715.85 亿元;1980 ~ 2000 年 GDP 年均增长速度最快的是深圳 28.3%，2000~2008 年增长最快的为东莞年均增长率为 20.7%。GDP 年均增长速度基本反映了各地市的经济发展水平，各地市年均增长率详见表 3-16。

表 3-16　珠江三角洲地区各地市的 GDP 发展变化情况

片区	地市级行政区	项目	年份							
			1980	1985	1990	1995	2000	2000*	2005*	2008*
西江干流片区	肇庆	GDP(亿元)	19.91	34.51	68.28	265.46	347.67	249.78	450.57	715.85
		增长率(%)	—	11.63	14.62	31.20	5.54	—	12.52	16.69
西北江三角洲中上游片区	广州	GDP(亿元)	180.05	316.85	531.59	1 264.36	2 154.51	2 492.7	5 154.2	8 215.8
		增长率(%)	—	11.97	10.90	18.92	11.25	—	15.64	16.81
	佛山	GDP(亿元)	32.11	79.15	155.86	503.83	868.00	1 050.4	2 383.2	4 333.3
		增长率(%)	—	19.78	14.51	26.45	11.49	—	17.80	22.05
西北江三角洲中下游片区	中山	GDP(亿元)	19.13	34.56	66.16	169.54	283.67	345.44	880.2	1 408.5
		增长率(%)	—	12.55	13.87	20.71	10.84	—	20.57	16.97
	珠海	GDP(亿元)	4.69	18.81	53.48	191.83	299.48	331.43	634.95	992.06
		增长率(%)		31.99	23.25	29.11	9.32	—	13.89	16.04
	江门	GDP(亿元)	37.00	60.90	120.99	328.58	514.63	504.66	805.37	1 280.6
		增长率(%)	—	10.48	14.72	22.12	9.39	—	9.80	16.72
东江片区	深圳	GDP(亿元)	10.38	79.70	219.38	799.60	1 510.26	2 187.5	4 950.9	7 806.5
		增长率(%)	—	50.34	22.45	29.52	13.56	—	17.75	16.39
	东莞	GDP(亿元)	20.36	43.83	94.37	200.32	446.80	820.25	2 181.6	3 702.5
		增长率(%)	—	16.58	16.58	16.24	17.40	—	21.61	19.28
	惠州	GDP(亿元)	16.55	24.90	58.60	213.14	399.31	439.19	803.43	1 290.4
		增长率(%)	—	8.52	18.67	29.47	13.38	—	12.84	17.11
合计		GDP(亿元)	340.18	693.21	1 368.71	3 936.67	6 824.33	8 421.3	18 244	29 746
		增长率(%)	—	15.30	14.57	23.53	11.63	—	16.72	17.70

注：*2000 年前为 2000 年可比价，2000 年后为当年价。

2. 工业总产值增长趋势

改革开放以来，珠江三角洲地区工业总产值一直保持高速增长的趋势，从 1980 年的 300 亿元上升到 2008 年 56 198 亿元，年均增长率 21.1%，居于全国前列。

至 2008 年，珠江三角洲地区工业总产值达 56 198 亿元，其中最高的是深圳市 15 854 亿元，最低的是肇庆市 964 亿元，工业总产值超过 5 000 亿元的有广州、深圳、东莞、佛山 4 市，是该地区工业高速发展的主要增长点，这种势头还将继续下去。从地区工业总产值年均增长率来看，1980~2008 年深圳市工业总产值年均增长速度最快，1980~2000 年年均增长率为 48%，2000~2008 年年均增长率达到 25.6%。各行政区发展情况见表 3-17。

表 3-17　珠江三角洲地区各行政分区工业总产值的发展情况

片区	地市级行政区	项目	年份							
			1980	1985	1990	1995	2000	2000*	2005*	2008*
西江干流片区	肇庆	工业总产值（亿元）	9.46	19.41	60.70	251.57	536.66	392	321	964
		增长率（%）	—	15.45	25.62	32.89	16.36	—	-3.92	44.27
西北江三角洲中上游片区	广州	工业总产值（亿元）	196.85	351.96	619.24	1 647.25	3 096.45	2 569	6 032	10 515
		增长率（%）	—	12.32	11.96	21.61	13.45	—	18.62	20.35
	佛山	工业总产值（亿元）	30.98	95.62	275.61	1 076.42	2 045.66	1 561	4 781	10 658
		增长率（%）	—	25.28	23.58	31.32	13.70	—	25.1	30.63
西北江三角洲中下游片区	中山	工业总产值（亿元）	7.80	23.01	85.15	397.25	737.27	533	2 221	3 767
		增长率（%）	—	24.17	29.92	36.07	13.17	—	33.04	19.26
	珠海	工业总产值（亿元）	1.84	6.41	44.96	331.46	673.81	630	1 570	2 497
		增长率（%）	—	28.35	47.65	49.11	15.24	—	20.03	16.73
	江门	工业总产值（亿元）	40.73	84.67	184.63	629.58	1 179.70	871	1 453	2 710
		增长率（%）	—	15.76	16.87	27.81	13.38	—	10.77	23.09
东江片区	深圳	工业总产值（亿元）	1.02	32.22	216.09	930.11	2 669.34	2 567	9 868	15 854
		增长率（%）	—	99.45	46.32	33.90	23.47	—	30.91	17.12
	东莞	工业总产值（亿元）	8.46	20.58	90.54	395.53	1 092.04	915	3 940	6 633
		增长率（%）	—	19.48	34.48	34.30	22.52	—	33.92	18.96
	惠州	工业总产值（亿元）	3.34	6.69	37.25	326.97	946.77	658	1 429	2 600
		增长率（%）	—	14.93	40.97	54.41	23.69	—	16.78	22.08
合计		工业总产值（亿元）	300	641	1 615	5 986	12 977.71	10 695	31 615	56 198
		增长率（%）	—	16.40	20.30	29.95	16.74	—	24.21	21.14

注：＊2000 年前为 2000 年可比价，2000 年后为当年价。

2008 年珠江三角洲地区工业增加值达 14 169 亿元,其中最高的是深圳市,为 3 618 亿元,占珠江三角洲地区工业增加值的 25.53%;最低的是肇庆市,为 234 亿元,仅为珠江三角洲地区工业增加值的 1.65%。1980~2000 年工业增加值年均增长最快的是深圳,为 43%,2000~2008 年工业增加值年均增长最快的是东莞,为 28%。各行政区发展情况见表 3-18。

表 3-18　各行政分区工业增加值的发展状况

片区	地市级行政区	项目	年份							
			1980	1985	1990	1995	2000	2000*	2005*	2008*
西江干流片区	肇庆	工业增加值（亿元）	3.51	6.16	15.32	82.07	123.12	36.36	93.95	234
		增长率（%）	—	8.45	20.11	40.46	9.99	—	20.91	35.55
西北江三角洲中上游片区	广州	工业增加值（亿元）	53.34	128.92	184.81	516.55	874.34	708.40	1 870.28	2 957
		增长率（%）	—	19.47	7.48	22.82	12.58	—	21.43	16.50
	佛山	工业增加值（亿元）	11.37	33.22	71.65	249.86	467.16	401.78	1 245.65	2 743
		增长率（%）	—	24.57	16.89	28.27	14.82	—	25.40	30.10
西北江三角洲中下游片区	中山	工业增加值（亿元）	3.44	7.01	19.79	77.09	155.13	136.16	468.37	812
		增长率（%）	—	18.47	23.36	30.95	17.03	—	28.03	20.13
	珠海	工业增加值（亿元）	0.84	3.90	20.02	81.74	154.01	156.16	307.96	509
		增长率（%）	—	31.95	37.97	32.6	15.01	—	14.55	18.23
	江门	工业增加值（亿元）	8.79	18.26	39.82	135.80	250.26	189.49	356.98	709
		增长率（%）	—	14.87	17.32	27.73	14.44	—	13.50	25.70

续表 3-18

片区	地市级行政区	项目	年份							
			1980	1985	1990	1995	2000	2000*	2005*	2008*
东江片区	深圳	工业增加值（亿元）	0.55	14.89	70.60	314.61	715.11	706.85	2 369.37	3 618
		增长率（%）	—	71.88	36.47	34.71	19.42	—	27.37	15.15
	东莞	工业增加值（亿元）	3.89	10.55	34.70	106.05	247.40	259.44	1 143.69	1 872
		增长率（%）	—	22.42	26.05	24.81	33.17	—	34.54	17.85
	惠州	工业增加值（亿元）	1.32	2.79	9.06	83.68	235.21	129.08	405.35	715
		增长率（%）	—	24.57	24.57	56.32	24.47	—	25.72	20.83
合计		工业增加值（亿元）	87.05	225.70	465.77	1 647.47	3 221.75	2 723.72	8 261.60	14 169
		增长率（%）	—	21.04	15.62	28.7	17.08	—	24.85	19.70

注：＊2000 年前为 2000 年可比价,2000 年后为当年价。

3.6.1.3　农业发展与农田灌溉面积变化情况

1980～2008 年,珠江三角洲地区各市有效灌溉面积及实灌面积均呈下降趋势,有效灌溉面积和实灌面积年均递减率分别为 2.06% 和 2.05%,年均下降最快的是深圳市,有效灌溉面积年均下降 8.71%,实灌面积年均下降 7.96%;至 2008 年,珠江三角洲地区常用耕地面积 1 075.60 万亩。2008 年耕地面积最大的是江门 310.89 万亩;深圳市工业发展迅速,城市范围不断扩大,导致农业用地不断减少,深圳市耕地面积仅为 6.12 万亩,详见表 3-19。

3.6.2　供水情势分析

3.6.2.1　水资源开发利用概况

2008 年,珠江三角洲地区总供水量为 246.42 亿 m^3,其中地表水源供水 242.81 亿 m^3,地下水源供水 2.72 亿 m^3,其他水源供水 0.89 亿 m^3。珠江三角洲地区本地地表水资源总量 562.29 亿 m^3,承接入境水量 2 863.68 亿 m^3,地表水水资源开发利用率 7.09%(含入境水资源);地下水资源总量 132.95 亿 m^3,浅层地下水资源开发利用率为 2.05%。可见,珠江三角洲地区经济发达,用水量大,入境水资源是支撑珠江三角洲地区经济社会发展的重要水资源基础。

表 3-19　珠江三角洲地区各行政分区农业灌溉面积发展变化

片区	地市级行政区	2008年 耕地面积（万亩）	1980年 有效灌溉面积（万亩）	1980年 实灌面积（万亩）	1985年 有效灌溉面积（万亩）	1985年 实灌面积（万亩）	1990年 有效灌溉面积（万亩）	1990年 实灌面积（万亩）	1995年 有效灌溉面积（万亩）	1995年 实灌面积（万亩）	2000年 有效灌溉面积（万亩）	2000年 实灌面积（万亩）	2005年 有效灌溉面积（万亩）	2005年 实灌面积（万亩）	2008年 有效灌溉面积（万亩）	2008年 实灌面积（万亩）	1980~2008年 有效灌溉面积年平均递增率（%）	1980~2008年 实灌面积年平均递增率（%）
西江干流片区	肇庆	256.41	217	212	213	195	208	195	195	179	193	176	190	175	173.93	158.24	-0.79	-1.04
西北江三角洲中上游片区	广州	128.49	229	219	255	253	230	224	190	182	176	173	160	155	128.49	128.24	-2.04	-1.89
西北江三角洲中上游片区	佛山	62.93	175	152	167	153	160	155	126	121	99	95	99	99	62.93	62.52	-3.59	-3.12
西北江三角洲中下游片区	中山	52.04	96	89	96	94	94	80	66	66	56	55	50	50	45	45	-2.67	-2.41
西北江三角洲中下游片区	珠海	22.19	54	49	52	42	52	50	49	48	38	38	47	47	22	19.54	-3.16	-3.23
西北江三角洲中下游片区	江门	310.89	279	274	260	253	251	248	250	230	249	235	209	197	174.09	170.6	-1.67	-1.68
西北江三角洲中下游片区	深圳	6.12	44	35	32	27	33	27	18	17	5	3	6	6	3.43	3.43	-8.71	-7.96
东江片区	东莞	21.02	107	99	114	98	104	95	72	71	43	43	40	38	21.02	15.8	-5.65	-6.34
东江片区	惠州	215.51	194	178	191	173	190	163	170	163	178	170	172	165	148.32	128.12	-0.95	-1.17
合计		1 075.60	1 395	1 307	1 380	1 288	1 322	1 225	1 136	1 077	1 037	988	973	932	779.21	731.49	-2.06	-2.05

3.6.2.2 现状供水量分析

供水量是指各种水源工程为用户提供的包括用水输水损失在内的供水量,又称毛供水量。根据取水水源的不同,按地表水源供水量、地下水源供水量和其他水源供水量分别统计。

根据 2008 年广东省水资源公报,2008 年珠江三角洲地区总供水量为 246.42 亿 m³,其中地表水水源供水 242.81 亿 m³,地下水源供水 2.72 亿 m³,其他水源供水 0.89 亿 m³。地表水源供水量所占比重最大,占总供水量的 98.5%,其中,蓄水、引水、提水、调水工程供水量分别为 49.57 亿 m³、46.29 亿 m³、131.58 亿 m³ 和 15.37 亿 m³,分别占总供水量的 20.1%、18.8%、53.4% 和 6.2%。按行政区分析,广州、深圳、珠海、佛山、惠州、东莞、中山、江门和肇庆总供水量分别为 78.32 亿 m³、17.70 亿 m³、4.36 亿 m³、34.28 亿 m³、21.99 亿 m³、21.48 亿 m³、18.32 亿 m³、29.86 亿 m³ 和 20.11 亿 m³,其中,广州市的供水量所占比例最大,占总供水量的 31.78%,其次是惠州市,占总供水量的 13.91%。珠江三角洲地区现状供水量统计情况详见表 3-20。

表 3-20 珠江三角洲地区现状供水量 　　(单位:亿 m³)

片区	地市级行政区	地表水				地下水	其他供水	总供水量
		蓄水量	引水量	提水量	调入水量			
西江干流片区	肇庆	7.14	5.41	7.13	0	0.43	0	20.11
西北江三角洲中上游片区	广州	9.98	14.35	50.88	2.5	0.61	0	78.32
	佛山	2.55	7.01	24.64	0	0.08	0	34.28
西北江三角洲中下游片区	中山	0.44	6.63	11.24	0	0.01	0	18.32
	珠海	0.03	1.12	3.2	0	0.01	0	4.36
	江门	15.63	5.15	8.48	0	0.6	0	29.86
东江片区	深圳	3.85	0	0	12.6	0.36	0.89	17.70
	东莞	2.02	2.8	16.59	0	0.07	0	21.48
	惠州	7.93	3.82	9.42	0.27	0.55	0	21.99
合计		49.57	46.29	131.58	15.37	2.72	0.89	246.42

1980 ~ 2008 年,珠江三角洲地区总用水量从 138.05 亿 m³ 增加到 246.42 亿 m³,年均增长 2.8%,其中地表水增加了 108.8 亿 m³,年均增长 2.9%;地下水减少了 1.33 亿 m³,年均减少 1.17%,详见表 3-21。

从供水结构来看,地表水占总供水比重基本上保持在 97% 以上,是珠江三角洲地区主要的供水来源,其中蓄水量、引水量均呈现先增加再减少的趋势。1980 ~ 2008 年,蓄水工程供水量由 45.43 亿 m³ 增加到 49.57 亿 m³,所占比重由 32.91% 下降到 20.12%;引水工程供水量由 35.69 亿 m³ 增加到 46.29 亿 m³,所占比重由 25.85% 下降到 18.79%;提水、调水工程供水量逐步增加,分别增加了 79.19 亿 m³、14.87 亿 m³,提水量所占比重由 37.95% 增加到 53.40%,调水量由 0.36% 增加到 6.24%;1980 ~ 2008 年地下水的供水量所占比重由 2.93% 下降到 1.10%。可见,珠江三角洲地区的供水结构由 1980 年以蓄水工程为主转变为 2008 年以提水工程为主的供水结构。

表 3-21　2000~2008 年珠江三角洲地区供水量趋势

| 年份 | 供水量（亿 m³） | | | | | | | 占总供水量百分比（%） | | | | | |
| | 地表水 | | | | 地下水 | 其他水源 | 总供水量 | 地表水 | | | | 地下水 | 其他水源 |
	蓄水量	引水量	提水量	调水量				蓄水量	引水量	提水量	调水量		
1980	45.43	35.69	52.39	0.50	4.05	0	138.06	32.91	25.85	37.95	0.36	2.93	0
1985	45.48	37.27	58.68	0.60	3.64	0	145.67	31.22	25.59	40.28	0.41	2.50	0
1990	50.59	38.36	73.44	1.60	3.75	0	167.74	30.16	22.87	43.78	0.95	2.24	0
1995	51.06	47.45	89.27	3.00	3.80	0	194.58	26.24	24.39	45.88	1.54	1.95	0
2000	53.30	53.60	108.40	5.38	3.20	0.10	223.98	23.80	23.93	48.40	2.40	1.43	0.04
2005	45.50	47.80	141.90	11.10	3.20	0.01	249.51	18.24	19.16	56.87	4.45	1.28	0
2008	49.57	46.29	131.58	15.37	2.72	0.89	246.42	20.12	18.79	53.40	6.24	1.10	0.36

3.6.3　用水情势分析

珠江三角洲地区 1980~2008 年各类用水量按新、原两种统计口径进行统计时，新、原两种口径对应关系如 3-22 所示。

表 3-22　新、原用水分类统计口径对应关系

详细分类	农村居民用水	城镇居民用水	城镇环境用水	农村牲畜用水	城镇公共用水	工业用水	农业用水
原口径	生活用水					工业用水	农业用水
新口径	生活用水		生态用水	生产用水			

3.6.3.1　现状水量调查分析

根据广东省水资源公报，2008 年珠江三角洲地区总用水量为 246.42 亿 m³，其中用水量最多的是广州市，为 78.32 亿 m³，占珠江三角洲地区总用水量的 31.78%；用水量最少的是珠海市，为 4.36 亿 m³，只占珠江三角洲地区总用水量的 1.77%。从各行业来看，工业用水量所占比重最大，为 121.37 亿 m³，约占总用水量的 49.25%（需指出的是广州市、佛山市、中山市和江门市工业用水量中火（核）电用水量占很大一部分，其火（核）电用水量分别为 22.56 亿 m³、7.96 亿 m³、2.84 亿 m³ 和 2.18 亿 m³，分别占各地市工业用水量的 42.84%、45.43%、28.69% 和 27.88%）；农业用水量为 81.60 亿 m³，占总用水量的 33.11%；生活用水量达 43.46 亿 m³，占总用水量的 17.64%。2008 年珠江三角洲地区地（市）级行政区用水情况见表 3-23。

表3-23　2008 年行政分区用水量统计

片区	地市级行政区	用水量（亿 m³)			用水量（新口径）（亿 m³)			合计（亿 m³)	占珠江三角洲地区总用水量比例（%)
		工业用水量	农业用水量	生活用水量	生活用水量	生产用水量	生态用水量		
西江干流片区	肇庆	3.74	14.2	2.17	2.15	17.94	0.02	20.11	8.16
西北江三角洲中上游片区	广州	52.66	15.01	10.65	8.85	67.67	1.80	78.32	31.78
	佛山	17.52	10.18	6.58	5.22	27.70	1.36	34.28	13.91
西北江三角洲中下游片区	中山	9.9	6.63	1.79	1.69	16.53	0.10	18.32	7.44
	珠海	2.14	1.12	1.11	1.05	3.25	0.06	4.36	1.77
	江门	7.82	19.68	2.36	2.27	27.50	0.09	29.86	12.12
东江片区	深圳	9.05	0.63	8.03	7.14	9.68	0.89	17.71	7.18
	东莞	11.98	1.41	8.09	7.07	13.39	1.02	21.48	8.72
	惠州	6.56	12.74	2.68	2.51	19.30	0.18	21.98	8.92
合计		121.37	81.60	43.46	37.95	202.96	5.52	246.42	100

3.6.3.2　用水量变化趋势

1980～2008 年,珠江三角洲地区用水结构(见表3-24)发生了较大变化:农业用水量逐渐下降,工业用水量和生活用水量不断增加。工业用水量占总用水量的比例由1980 年的6.15% 上升到2008 年的49.25%,生活用水量占总用水量的比例由1980 年的5.36%上升到2008 年的17.64%,农业用水则由88.49%下降到33.11%。2008 年珠江三角洲地区工业、农业、生活用水比例为49.25:33.11:17.64。

表3-24　珠江三角洲地区历年用水结构情况统计

年份	用水量（亿 m³)				用水构成（%)		
	工业	农业	生活	合计	工业	农业	生活
1980	8.5	122.2	7.4	138.1	6.15	88.49	5.36
1985	11.8	125.2	8.7	145.7	8.10	85.93	5.97
1990	37.4	118.3	12	167.7	22.30	70.54	7.16
1995	65.8	112.7	16.1	194.6	33.81	57.91	8.27
2000	95.9	99	25.2	220.1	43.57	44.98	11.44
2005	108.6	86.4	54.5	249.5	43.53	34.63	21.84
2008	121.37	81.59	43.46	246.42	49.25	33.11	17.64

3.6.4　珠江口地区现状供需结果分析

现状供水格局体系下的水资源供需方案是以现状供水水源、供排水通道和工程供水能力与各水平年需水量的正常增长进行水资源时空调配。考虑到水资源的自然流域属性和取水供水的行政区实施、管理的实际,根据《中华人民共和国水法》和《水量分配暂行办法》要求,现状水资源供需分析以西北江三角洲和东江三角洲为计算单元,本地水资源来水过程采用自然水系和 5 级水资源分区为单元的长系列逐月天然径流过程(1956~2008 年逐月),入境水资源过程采取西江高要、北江石角和东江博罗三个站 1956~2008 年逐月实测径流过程(在现状水资源供需分析方案中,西江中上游大藤峡等流域性调蓄工程尚未建成,东江流域三大水库尚未转变以防洪、供水为主的优化调度功能),供水能力按照现状水资源工程的设计供水规模,需水则是各个水平年各县级行政区的逐月各产业(一、二、三产业,生活及河道外生态等)需水过程。

为保持行政区划完整性,水资源合理配置结果分析以地级行政区为统计单元。珠江三角洲地区内各极端单元降水频率与径流频率存在不同步现象,在成果统计中,分别选用供水频率为 50%、75%、90%、95% 共 4 个典型年水资源配置结果来反映对应来水频率下的水资源配置情况,并计算了多年平均供需平衡情况,见表 3-25。

表 3-25　珠江口地区主要水文控制站典型年代表频率

站点	所在河流	代表年型				
		代表年	1963 年型	2004 年型	1980 年型	1965 年型
高要	西江	相应频率	98%	86%	76%	50%
石角	北江	相应频率	98%	94%	48%	87%
博罗	东江	相应频率	98%	96%	53%	83%

本项目水资源现状供需分析按照珠江三角洲地区的西江干流片区(包括肇庆市)、西北江三角洲中上游片区(包括广州市和佛山市)、西北江三角洲中下游片区(包括中山市、江门市和珠海市)和东江片区(包括深圳市、东莞市和惠州市)四个片区进行,并分析各行政区现状缺水情况。

(1)枯水期咸潮上溯引发西北江三角洲中下游地区水质型缺水严重。

咸潮上溯是河口地区特有的自然灾害之一,属于河口地区的一种普遍的自然现象。但近年来,珠江三角洲地区咸潮比往年来得更早,持续的时间更长,强度趋于严重,上溯的频率提高,袭击的范围扩大,波及的层面更广,再加上三角洲下游地区地势平坦,调咸库容及能力有限,咸潮问题严重地危害了珠江三角洲地区人民的工业、农业和生活用水。

枯水季节大潮期间,广州、中山、珠海和江门新会的许多水厂因含盐度超标而间歇性停产,导致该地区缺水严重。据统计,1993 年 3 月,咸水进入前、后航道,广州地区黄埔水厂、员村水厂、石溪水厂、河南水厂、鹤洞水厂和西洲水厂先后局部间歇性停产或全部停产。1999 年春,虎门水道咸水线上移到白云区的老鸦岗,沙湾水道首次越过沙湾水厂取水点,横沥水道以南则全受咸潮影响。2003～2004 年枯水期咸潮活动期间,中山市东西两大主力水厂同时受到侵袭,水中氯化物最高时达到 3 500 mg/L,部分地区供水中断近 18 h,承担珠海与澳门供水的广昌泵站连续 29 d 不能取水;珠海横琴岛及三灶地区出现区域性停水;广州番禺区沙湾水厂取水点咸潮强度及持续时间更是远远超过历年同期水平,横沥水道以南则全受咸潮影响,区域内 500 多万人的生活用水和一大批工业企业生产用水受到不同程度的影响,造成巨大的经济损失。西江下游磨刀门河段,1992 年咸潮上溯至大涌口,1995 年至神湾,1998 年至南镇,2001 年上溯至全禄水厂,2003 年更是越过全禄水厂,2004 年中山市东部的大丰水厂也受到影响。

受咸潮上溯影响,中山、珠海等地市资源型缺水情况比较严重。规划水平年 2020 年,中山市和珠海市资源型多年平均缺水量分别达到 2.19 亿 m³、1.85 亿 m³,资源型缺水率分别达到 14% 和 19.74%,1963 年型和 2004 年型缺水更加严重。

(2)水体污染导致西北江三角洲中上游、中下游地区水质型缺水突出。

珠江三角洲地区河网得天独厚,水资源较为丰富,但几十年来,过分追求经济增长,珠江三角洲地区"先污染后治理"的发展模式,对生态环境保护重视不够,环境质量严重恶化,水环境污染越来越突出,加上供水和排水交错分布,水质型缺水问题十分尖锐。西北江三角洲部分河段污染严重,生态环境建设以及生态恢复能力不足,主要的污染源为生活废污水及面源污染。流经城市河段、人口较为稠密的中小河流的水质污染是引起西北江三角洲局部地区水质型缺水的主要原因。近年来,中小河流水质恶化的趋势不但未得到有效控制,且有逐年蔓延的趋势,部分水库水质呈现富营养化状态,水生生态受到不同程度的影响。

据 2008 年广东省水资源公报统计,广州市主要超标河段有白坭河、三枝香水道、西航道、前航道、后航道、黄埔水道等,佛山市主要超标河段有佛山水道、芦苞涌、西南涌,江门市主要超标河段有潭江恩平新会段、天沙河等,中山市主要超标河段有石岐河,珠海市主要超标河段有鸡啼门水道、前山河等。中山、佛山、广州东部及南部等地市水源地水质劣于Ⅲ类;广州市西部水源地水质为劣Ⅴ类;珠海市的部分水库水源地水质劣于Ⅲ类。从西北江三角洲各行政区不合格供水占供水总量的比例来看,广州不合格供水所占比例较大:广州、佛山、江门城镇生活供水不合格率较高;江门农村生活供水不合格率较高;广州供水水源不合格率较高。水质型缺水给本来就紧张的城市供水带来了更大的挑战,造成水资源利用效率不高,水环境恶化,加剧了供需矛盾。水质型缺水问题对广州市区与花都、佛山市区、江门市区的影响比较大。

受水质污染影响,广州、佛山等地市资源型缺水比较严重。规划水平年 2020 年,广州市、佛山市资源型多年平均缺水量分别达到 3.86 亿 m³、2.36 亿 m³,资源型缺水率分别达到 5.95%、7.07%。特枯年份情势下,加之上游来水减少,广州、佛山等地市水质型缺水更加明显,2004 年型下,缺水量分别达到 6.81 亿 m³、6.19 亿 m³,资源型缺水率分别达到 10.04%、12.86%。

（3）枯水期来水量偏小引起西北江三角洲中上游地区资源型缺水。

高要、石角两站的流量代表进入西北江三角洲的入流过程，马口和三水的流量决定着西北江三角洲网河区的水量分配关系。珠江三角洲地区的枯水期为每年 10 月到次年的 3 月。据高要水文站和石角水文站实测资料，在 1956～2008 年，高要站和石角站枯水期（10 月至次年 3 月）多年平均流量分别为 2 958 m^3/s、628 m^3/s；在 97% 来水频率下，高要站和石角站枯水期月平均来水总流量为 1 843 m^3/s；90% 来水频率下，高要站和石角站枯水期月平均来水总流量相加为 2 161 m^3/s。无法满足三水 + 马口最枯月平均流量 2 500 m^3/s，咸潮期间无法有效压制咸潮，不能有效改善三角洲水环境，导致水质型缺水问题严重。

枯水期西江上游来水量偏小，导致南海、顺德、高明、高要等地供水得不到保障。规划水平年 2020 年，肇庆市多年平均资源型缺水量为 1.05 亿 m^3，资源型缺水率仅为 3.3%；特枯来水情势下，西江干流来水减少，2004 年型肇庆市资源型缺水量达到 4.22 亿 m^3，资源型缺水率达到 13.04%。

（4）控制性调蓄工程尚未调整功能，导致东江流域资源型缺水问题突出。

东江片区水资源供需矛盾日趋突出，主要是枯水期流量不足，航运交通、河流水质、东深和东引工程等都受到影响。博罗水文站是东江的径流代表站，广东省东江流域 1984～2008 年 25 年系列博罗站天然径流量为 231.07 亿 m^3，特殊枯水年份（2004 年，来水频率 $P = 95\%$），博罗站天然径流量为 122.36 亿 m^3，为多年平均水量的 52.95%。据博罗站实测资料，1956～2008 年，97% 来水频率下，博罗站枯水期月平均流量仅为 190 m^3/s；90% 来水频率下，博罗站枯水期月平均流量仅为 275 m^3/s。在 2009 年，东江流域降雨较正常年份明显减少，东江水文控制站的最大流量比多年平均值减少了 60% 左右，水资源形势很不乐观，东江流域两大骨干水库超常锐减：与 2008 年同期相比，新丰江水库减少库容 25.6 亿 m^3，枫树坝水库减少库容 5.8 亿 m^3。

目前，东江流域三大水库尚未调整为以供水为主，依然是以防洪发电功能为主，这种情况导致东莞、惠州等地资源型缺水较严重。至规划水平年 2020 年，东莞多年平均需水量为 21.06 亿 m^3，多年平均资源型供水量为 19.54 亿 m^3，缺水量为 1.52 亿 m^3，缺水率为 7.22%，城镇生产、城镇生态和农村生产的供水保证率分别为 91.62%、91.62%、91.62%；在 2004 年型下，东莞缺水量为 10.96 亿 m^3，缺水率高达 50.94%。惠州多年平均需水量为 28.96 亿 m^3，多年平均资源型供水量为 27.63 亿 m^3，缺水量为 1.34 亿 m^3，缺水率为 4.63%；城镇生产、城镇生态和农村生产的供水历时保证率分别为 85.29%、83.80%、83.80%。在 2004 年来水年型下，惠州缺水量为 9.42 亿 m^3，缺水率高达 28.44%。

利用水资源配置模型，对水资源供需平衡进行长系列计算，得到珠江三角洲地区各个城市水资源供需平衡分析结果和供水历时保证率及缺水量，见表 3-26 和表 3-27。

表3-26　珠江三角洲地区典型年资源型供需分析表（现状供水体系方案）

（单位：万m³）

水平年	片区	地市级行政区	多年平均 需水量	供水量	缺水量	2004年型 需水量	供水量	缺水量	1963年型 需水量	供水量	缺水量
2008	西江干流片区	肇庆	210 398	204 996	5 402	247 204	215 513	31 691	243 986	217 666	26 320
	西北江三角洲中上游片区	广州	644 087	610 105	33 982	683 657	621 781	61 876	687 913	596 192	91 721
		佛山	336 800	315 961	20 839	343 658	292 999	50 659	357 676	292 291	65 385
	西北江三角洲中下游片区	中山	159 577	137 487	22 090	163 953	127 766	36 187	171 459	135 418	36 041
		珠海	56 481	44 203	12 278	59 721	42 582	17 139	60 838	44 520	16 318
		江门	292 023	279 696	12 327	336 508	315 965	20 543	372 701	297 177	75 524
		深圳	181 005	181 005	0	180 978	180 978	0	181 955	181 955	0
	东江片区	东莞	215 875	201 814	14 061	220 398	108 741	111 657	220 398	132 645	87 753
		惠州	230 728	221 415	9 313	286 575	216 867	69 708	306 256	172 309	133 947
	合计		2 326 974	2 196 683	130 292	2 522 652	2 123 192	399 460	2 603 182	2 070 173	533 009
2020	西江干流片区	肇庆	318 666	308 145	10 521	323 969	281 730	42 239	434 320	398 613	35 707
	西北江三角洲中上游片区	广州	649 467	610 820	38 647	678 260	610 184	68 076	681 732	582 001	99 731
		佛山	334 092	310 485	23 607	338 991	277 085	61 906	348 736	282 438	66 298
	西北江三角洲中下游片区	中山	156 853	134 908	21 945	160 022	125 616	34 406	165 433	131 133	34 300
		珠海	93 692	75 197	18 495	99 005	73 282	25 723	100 846	71 899	28 947
		江门	321 710	304 966	16 744	355 267	331 826	23 441	386 198	303 286	82 912
		深圳	170 580	170 547	33	170 585	170 585	0	170 652	169 168	1 484
	东江片区	东莞	210 593	195 362	15 231	215 194	105 578	109 616	215 194	125 776	89 418
		惠州	289 631	276 279	13 352	331 164	236 976	94 188	347 282	186 437	160 845
	合计		2 545 284	2 386 709	158 575	2 672 457	2 212 862	459 595	2 850 393	2 250 751	599 642

表3-27 珠江三角洲地区资源型供水历时保证率(现状供水体系方案)

水平年	片区	地市级行政区	资源型				
			城镇生产	城镇生活	城镇生态	农村生产	农村生活
2008	西江干流片区	肇庆	92.18	92.37	92.18	92.18	92.18
	西北江三角洲中上游片区	广州	83.61	95.16	82.50	82.68	94.97
		佛山	90.88	93.11	90.69	90.88	0
	西北江三角洲中下游片区	中山	87.71	89.57	87.71	87.71	89.39
		珠海	81.19	81.94	81.01	81.01	81.75
		江门	91.99	92.18	91.99	91.25	93.30
	东江片区	深圳	100	100	100	100	0
		东莞	92.55	93.67	92.18	92.55	93.48
		惠州	94.79	96.09	93.85	93.85	95.90
2020	西江干流片区	肇庆	92.18	92.55	91.99	91.99	92.37
	西北江三角洲中上游片区	广州	80.82	92.25	80.26	80.63	92.37
		佛山	90.69	91.43	90.50	90.50	0
	西北江三角洲中下游片区	中山	87.52	89.01	87.52	87.52	88.83
		珠海	80.45	81.94	80.45	80.45	0
		江门	90.69	91.25	89.20	89.76	94.04
	东江片区	深圳	99.81	100	99.26	99.63	0
		东莞	91.62	93.48	91.62	91.62	93.30
		惠州	91.99	95.72	90.32	90.32	95.53

注:深圳、珠海、佛山等地农村生活用水保证率为0,指这些地市不含农业生活用水,下同。

3.7 小 结

本章对珠江口水资源变化特征进行了研究,主要研究结果如下:

(1)珠江三角洲地区西江、北江和东江水系水资源变化趋势不完全一致,在年际变化上,西江下游呈不显著的减少趋势,北江下游和东江下游呈不显著的增加趋势,在年内分配上,西江下游、北江下游和东江下游由不均匀向均匀缓和变化。各水系变化趋势不同与各地区的气候影响因素和人类活动影响因素息息相关。

(2)珠江三角洲地区多年平均当地产水量为 562.29 亿 m^3,多年平均入境水量为 2 863.68 亿 m^3,两者总和为 3 425.97 亿 m^3;多年平均地表水资源可利用量为 746.46 亿 m^3,可利用率为21.79%,珠江三角洲地区地下水资源量为 132.95 亿 m^3,地下水可开采量为 102.98 亿 m^3,地下水与地表水不重复可利用量 2.95 亿 m^3,珠江三角洲地区的水资源可利用总量为 749.41 亿 m^3。

(3)2008 年珠江三角洲地区总供水量为 246.42 亿 m^3,其中地表水水源供水 242.81 亿 m^3,地下水源供水 2.72 亿 m^3,其他水源供水 0.89 亿 m^3。地表水占总供水比重基本上保持在 97% 以上,是珠江三角洲地区主要的供水来源,其中蓄水量、引水量均呈现先增加再减少的趋势。珠江三角洲地区农业用水量逐渐下降,工业用水量和生活用水量不断增加。

（4）珠江三角洲现状缺水情况包括：枯水期咸潮上溯引发西北江三角洲中下游地区水质型缺水严重；水体污染严重导致西北江三角洲中上游、中下游地区水质型缺水突出；枯水期来水量偏小引起西北江三角洲中上游地区资源型缺水；控制性调蓄工程尚未调整功能，导致东江流域资源型缺水问题突出。

（5）利用水资源配置模型，对水资源供需平衡进行长系列计算，得到了珠江三角洲地区各个城市水资源供需平衡分析结果和供水历时保证率及缺水量。

第 4 章　海平面上升影响下的珠江口咸潮影响因素辨析

由前几章分析可以看出,咸潮上溯是珠江口的基本特征和过程之一。珠江口是我国改革开放的前沿地带,人口众多、工商业发达、城市化程度较高。咸潮上溯对珠江口地区城市工业布局及其发展、居民生活用水和农业灌溉用水都有着相当重要的影响。我国《地表水环境质量标准》(GB 3838—2002)规定生活饮用水氯化物(以 Cl^- 计)水质标准是低于 250 mg/L,而现有制水工艺还不能消除氯离子。氯化物含量过高会给人体健康和工农业生产带来严重危害。咸潮上溯的强度过大、持续时间过长会造成供水危机,形成"咸害"。随着经济的迅猛发展和人口的急剧增长,人们对淡水资源的需求无论在数量上还是质量上均提出了更高的要求,防"咸害"的重点已由农业转为城市供水。本章主要目的就是通过对珠江口咸潮活动规律的研究,识别咸潮与流量、潮水位、海平面上升、气象等影响因素的综合响应规律,这对进一步深入研究海平面上升对珠江口水资源的影响提供了理论基础,对保障珠江口地区的供水安全具有重要的实践意义。

4.1　研究方法

4.1.1　坐标分布熵法

一般地,非线性学科主要包括混沌、孤子和分形。一般的方法是计算出信号或波形的维数进行分形理论的信号诊断,如盒维数、多重分形、关联维数等,这些方法的优势是可以从不同角度反映信号的平稳程度和复杂程度,系统行为的随机性强弱有很好的体现。但目前分形维数计算无标度区间的确定问题,基于此,引入坐标分布熵法。由于珠江口咸潮活动受多种因素的影响和制约,表现出复杂的、随机的、多维的等特性。通过相空间重构,提取更全面的、能反映系统性质的参数,利用咸潮各个因素的熵值变化反映其平稳性和随机性的变化情况。基本计算过程如下。

(1)有时间序列 $\{x_i\}$($i = 1,2,\cdots,n$),以嵌入维数 m 和延迟时间间隔 τ 重构相空间,按照上述重构相空间的方法得到重构相空间中的点 $\{Y_i\}$($i = 1,2,\cdots,M;M = n - (m-1)\tau$)。

(2)相空间中的所有相点 $\{Y_i\}$ 向各个坐标轴进行投影,可以获得相空间中各点 m 个轴上的投影: $y_i^k(k = 1,2,\cdots,m;i = 1,2,\cdots,M)$ 。

(3)求每个坐标轴上的 M 个投影点之间的距离:

$$d_{ij}^k = \| y_i^k - y_j^k \| \quad (k = 1,2,\cdots,m;i,j = 1,2,\cdots,M) \tag{4-1}$$

(4)求 d_{ij}^k 的最大值:

$$d_{\max}^k = \max(d_{ij}^k) \quad (k = 1,2,\cdots,m;i,j = 1,2,\cdots,M) \tag{4-2}$$

（5）对 d_{ij}^k 进行归一化处理：

$$\overline{d_{ij}^k} = \frac{d_{ij}^k}{d_{max}^k} \quad (k = 1,2,\cdots,m;i,j = 1,2,\cdots,M) \tag{4-3}$$

（6）反映投影点分布疏密程度的坐标分布熵 C_k：

$$C_k = -\sum_{i=1}^{M-1}\sum_{j=i+1}^{m} \overline{d_{ij}^k} \lg \overline{d_{ij}^k} \quad (k = 1,2,\cdots,m;i,j = 1,2,\cdots,M) \tag{4-4}$$

坐标分布熵可以从 m 个角度来对吸引子形状轨迹进行描述，可以对系统的特性具有更好的反映能力。本研究取 $m = 15$，$\tau = 11$。

4.1.2　集对分析

本研究引入赵克勤（1997,2000）提出的一种新的不确定性理论——集对分析（Set Pair Analysis,简称 SPA）研究珠江口咸潮与各影响因素的相关关系。集对分析是一种新的处理不确定性系统的分析方法，具有确定性和不确定性结合、定性与定量结合的特点，应用广泛。集对分析是对系统做同异反定量刻画和研究的一种系统分析方法，其核心思想是先对不确定系统中的两个关联的集合构造集对，再对集对的特性做同一性、差异性和对立性分析，然后建立集对的同异反联系度。

所谓集对，就是具有一定联系的两个集合 A 和集合 B 所组成的对子。对于给定的 2 个集合组成的集对 $H = (A,B)$，在某个具体问题背景下，对集对 H 的特性展开系统分析，可以找出两个集合共有的特性、对立的特性和既非共有又非对立的差异特性，并建立在该问题下的同异反联系度 $\mu_{A\sim B}$ 表达式：

$$\mu_{A\sim B} = \frac{S}{N} + \frac{F}{N}i + \frac{P}{N}j \tag{4-5}$$

式中　S——集对 H 中两个集合共有的特性个数；

　　　P——集对 H 中两个集合对立的特性个数；

　　　F——集对 H 中两个集合差异的特性个数；

　　　N——集对 H 中两个集合的特性个数；

　　　S/N、F/N、P/N——两个集合在某一问题下的同一度、差异度、对立度；

　　　i——差异度系数，规定在 $[-1,1]$ 区间内视不同情况取值；

　　　j——对立度系数，规定 j 取值 -1。

令 $a = S/N,b = F/N,c = P/N$，则式（4-5）也可以简写为

$$\mu_{A\sim B} = a + bi + cj \tag{4-6}$$

显然，a、b、c 都满足归一化条件：$a + b + c = 1$。

在联系度中，a 代表正相关关系；b 代表既非正又非负的不确定的相关关系；c 代表负相关关系。若 $a > c$，且 $a > b$，表示两变量存在正的相关关系；若 $c > a$，且 $c > b$，表示两变量存在负相关关系；若 b 最大，表示两变量间主要存在不确定相关关系，其中 $a > c$ 表示两变量还存在弱的正相关关系，$c > a$ 表示两变量还存在弱的负相关关系。利用集对分析的联系度能清晰地刻画两变量间的相关关系，并能根据 a、b、c 判断正、负相关性和不确定的相关性。联系度从微观层次上揭示出集合 A 和集合 B 的正、负相关和不确定相关情况，利

于从宏观角度分析 A 和 B 的总体相关性。

本研究的集对分析采用标准化数据,区间划分为将集合划分成大、中、小三级,即 $(-\infty, EX - 0.5S]$、$(EX - 0.5S, EX + 0.5S)$、$[EX + 0.5S, +\infty)$,EX、S 分别代表集合中各元素的均值和标准差。

4.1.3　非参相关分析法

本研究使用 Kendall 相关分析方法,Kendall taub 是一种对两个有序变量或两个秩变量间关系程度的测度,属于非参测度,分析时考虑了结点(秩次相同的)影响。计算公式为

$$\tau = \frac{\sum_{i<j} \mathrm{sgn}(x_i - x_j)\,\mathrm{sgn}(y_i - y_j)}{\sqrt{(T_0 - T_1)(T_0 - T_2)}} \tag{4-7}$$

其中,$\mathrm{sgn}(z) = \begin{cases} 1, & z > 0 \\ 0, & z = 0 \\ -1, & z < 0 \end{cases}$,$T_0 = n(n-2)/2$,$T_1 = \sum t_i(t_i - 1)/2$,$T_2 = \sum u_i(u_i - 1)/2$

t_i(或 u_i)是 x(或 y)的第 i 组结点 x(或 y)值的数目,n 为观测量数。

两个或若干变量之间或两组变量之间的关系,有时也可以用相似性或不相似性来描述。相似性测度用大数值表示很相似,较小的数值表明相似性小。不相似性使用距离等来描述,大值表示相差甚远。

4.2　实例研究

4.2.1　珠江口咸潮概况

咸潮又称咸潮上溯、盐水入侵,是指海洋大陆架高盐水团随潮汐涨潮流沿着河口的潮汐通道向上推进,盐水扩散、咸淡水混合造成上游河道水体变咸的现象。也有学者认为,咸潮是指沿海地区海水通过河流或其他渠道倒流进内陆区域后,水中的盐分仍然达到或超过 250 mg/L 的自然灾害。海洋学上一般用盐度($S\%$)来表征海水含盐量,表征咸潮的参数还可以为氯化物含量(以 Cl^- 计,或者简称咸度、含氯度)。海洋学上盐度与氯度的换算关系多采用 $S\% = 1.806\ 55Cl^-$,根据《生活饮用水水源水质标准》(CJ 3020—93),氯化物含量小于 250 mg/L。《地表水环境质量标准》(GB 3838—2002)中关于集中式生活饮用水地表水源地补充标准中氯化物的限值也是 250 mg/L。当河道水体氯化物超过 250 mg/L,就属于水质超标,则 $S\%$ 值约为 0.45%。

咸潮上溯是河流入海口的一种自然现象,在我国长江三角洲及珠江三角洲河口区比较常见。已对居民生活用水、农业用水、城市工业用水等带来了相当大的不良影响。随着经济的高速发展,咸潮造成的经济损失也越来越大,迫切需要提高对咸潮活动规律的认识,合理开发利用河口地区的淡水资源。珠江三角洲地区发生较严重咸潮上溯的年份主要有 1960 年、1963 年、1970 年、1977 年、1993 年、1999 年、2004 年、2005 年、2006 年、2007 年、2009 年。每年的 10 月至次年 3 月,是珠江三角洲潮区咸潮上溯期,咸潮与上游径流

来量、潮位、潮差、河口地貌、河道河床坡降、海平面上升、风等因素有关。20 世纪 90 年代以来,珠江三角洲河口区频频发生咸潮上溯,图 4-1 显示,20 世纪 90 年代末期以来,2009～2010 年枯水期磨刀门水道重要取水点平岗泵站的超标时数与 2005～2006 年枯水期相近,高于其他枯水期;而且超标天数远高于其他枯水期。据实测资料显示,2009～2010 年枯水期磨刀门水道的咸界上溯距离达到最远。

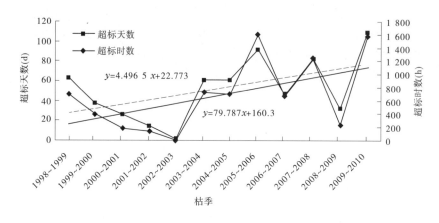

注:统计时间段为 10 月 1 日至次年 2 月 28 日。

图 4-1　平岗泵站枯水期咸潮变化趋势

4.2.2　咸潮与影响因素响应规律的综合辨析

磨刀门为八大口门之冠,磨刀门水道为西江干流出海口(见图 4-2),年径流量占珠江入海径流总量的 28.3%,是珠海市、中山市、澳门等城市和地区的主要供水水源地,其淡水径流主要来源于珠江三角洲上游的西江和北江。

据资料❶分析表明,20 世纪 60～80 年代,珠江三角洲咸潮影响有减弱趋势(见表 4-1),1988 年后的较长时期,水文部门停止了氯化物含量的测验。20 世纪 90 年代以来珠江三角洲河口区频频发生咸潮上溯,咸潮的影响具有时段越来越长、影响强度越来越大的趋势,图 4-1、表 4-1 亦可说明这一变化趋势。以拥有最长观测资料的磨刀门水道平岗泵站为例,重点分析了具有代表性的近 5 个枯水期的咸潮实测数据,得出 2009～2010 年枯水期咸潮特点为出现早、来势猛、影响大。

表 4-1　磨刀门水道灯笼山站盐度统计　　　　　　　　　　　(‰)

时间	涨潮盐度		落潮盐度	
	均值	最大值	均值	最大值
1960～1969 年	0.78	13.11	0.24	6.65
1970～1979 年	0.60	14.45	0.06	3.49
1980～1988 年	0.20	8.23	0.02	2.13

注:资料来源:周文浩.海平面上升对珠江三角洲咸潮入侵的影响[J].热带地理,1998,18(3):25-29.

---

❶　珠江河口咸潮入侵机理及对策研究报告。珠江水利委员会珠江水利科学研究院,2009。

图 4-2　磨刀门水道位置及取水点位置示意图

对近几年枯水期咸潮出现时间进行比较(见表 4-2),2009~2010 年枯水期,磨刀门水道主要取水点联石湾水闸、平岗泵站及稳益水厂盐度出现超标(盐度大于 250 mg/L)日期最早。其中,联石湾水闸咸潮出现最早时间比咸潮影响严重的 2005~2006 年枯水期提前了半个月,平岗泵站较 2005~2006 年枯水期早 11 d,稳益水厂更是提前了一个月。

表 4-2　磨刀门水道枯水期咸潮最早出现时间

枯水期	联石湾水闸(月-日)	平岗泵站(月-日)	稳益水厂(月-日)
2005~2006 年	09-26	09-26	12-28
2006~2007 年	09-29	11-02	12-17
2007~2008 年	10-11	11-03	12-06
2008~2009 年	11-25	12-22	无咸潮
2009~2010 年	09-11	09-15	11-28

表 4-3 显示,近 5 个枯水期,联石湾水闸 24 h 连续超标出现时间较早的是 2005~2006 年和 2009~2010 年枯水期,2005 年 9 月 26 日开始 24 h 连续超标状况只持续了 2 d,之后超标时间就降到了 10 h 以下,甚至 10 月上旬基本未出现超标,可以全天取水;而 2009 年 9 月 28 日联石湾水闸开始 24 h 连续超标,之后的一个多月基本上都是全天超标(见图 4-3),所以 2009~2010 年枯水期咸潮来势凶猛。

表4-3　磨刀门水道取水点24 h连续超标最早出现时间

枯水期	联石湾水闸(月-日)	平岗泵站(月-日)
2005~2006 年	09-26	11-28
2006~2007 年	11-02	11-17
2007~2008 年	10-17	11-05
2008~2009 年	12-06	没出现
2009~2010 年	09-28	10-15

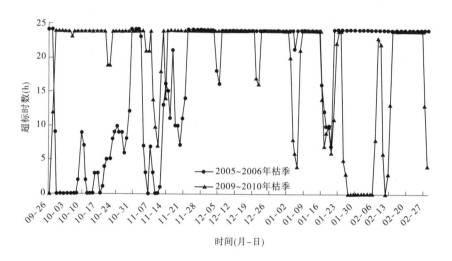

图4-3　联石湾水闸咸潮超标时数对比图

分析咸潮界线在空间上的变化可以看出,2009~2010 年枯水期磨刀门水道的咸界上溯距离最远。与枯水期流量比较接近的 2005~2006 年枯水期相比,平均最大咸界较 2005~2006 年枯水期上移约 10 km。2009~2010 年枯水期 10 月以后,磨刀门水道最大咸界线上溯距离较远,最大咸界最远上溯至稳益水厂以上。

2009~2010 年枯水期珠江口磨刀门水道发生了具有"出现早""来势猛""影响大"特征的强咸潮,水利部门实施集中补水多达 9 次,此次枯水期水量调度是珠江防总成功开展 5 次流域调度以来最为艰难的一次。从时空两方面分析,2009~2010 年枯水期咸潮入侵影响都强于近几个枯水期,选择此时段做研究具有较好的代表性。

本节利用 2009~2010 年枯水期珠江口磨刀门水道的翔实数据资料,探讨了咸潮与各影响因素的响应规律。利用平岗泵站、联石湾水闸盐度超标时数表示咸潮强度,在大量查阅国内外文献的基础上,重点选取了流量、潮差、最小潮位、最大潮位、海平面和风 6 个咸潮影响因素。咸潮数据为 2009 年 10 月 1 日至 2010 年 2 月 28 日共 151 d 的逐时实测数据;由于水流运动有一过程,水流从梧州到河口约需 2 d,从石角到河口约需 1 d,所以影响磨刀门水道的流量取"梧州前 2 d + 石角前 1 d"流量;潮差、最小潮位、最大潮位和海平面数据分别采用三灶站的逐时实测资料;选取香港天文台实测横澜岛风级作为气象因素。

从图 4-4 可以看出,联石湾水闸和平岗泵站超标时数的坐标分布熵在 1 ~ 15 维有较一致的变化趋势,且坐标分布熵值也大;流量和最小潮位的坐标分布熵值较一致,变化幅度较小;风级、潮差、海平面和最大潮位坐标分布熵在 3 ~ 11 维变化显著。其中,风级坐标分布熵在第 7 维达到最大值,与其他影响因素明显地区分开来;海平面的坐标分布熵在 1 ~ 5 维有明显的下降趋势,7 ~ 15 维的坐标分布熵值较大并且平稳;最大潮位的坐标分布熵值较小,并且变化明显;12 ~ 15 维咸潮与各影响因素的坐标分布熵大小和变化幅度较一致,具有较好的信号诊断能力。

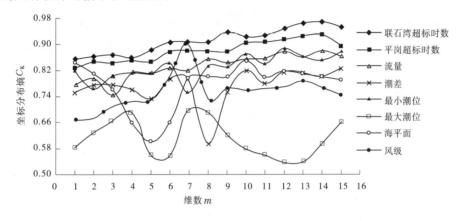

图 4-4　磨刀门水道咸潮与各影响因素的坐标分布熵

通过集对分析计算,得到平岗泵站咸潮和各影响因子的联系度表达式见式(4-8),由于差异度最大,说明平岗咸潮与所选 6 个影响因子都呈不确定关系;流量和潮差与咸潮的差异度大于同一度,说明有弱的负相关关系;海平面、风级、最小潮位和最大潮位与咸潮的同一度大于对立度,说明有弱的正相关关系。

$$
\left.\begin{aligned}
\mu(\text{平岗咸潮流量}) &= 0.26 + 0.43i + 0.31j \\
\mu(\text{平岗咸潮海平面}) &= 0.36 + 0.50i + 0.14j \\
\mu(\text{平岗咸潮潮差}) &= 0.30 + 0.38i + 0.32j \\
\mu(\text{平岗咸潮最小潮位}) &= 0.30 + 0.52i + 0.19j \\
\mu(\text{平岗咸潮最大潮位}) &= 0.32 + 0.49i + 0.19j \\
\mu(\text{平岗咸潮风级}) &= 0.36 + 0.46i + 0.17j
\end{aligned}\right\} \quad (4\text{-}8)
$$

联石湾水闸咸潮和各影响因子的联系度表达式见式(4-9)。联石湾咸潮与海平面同一度最大,说明呈正相关关系;联石湾咸潮与其他影响因素呈不确定关系,其中与流量和潮差呈弱的负相关关系,与风级、最小潮位和最大潮位呈弱的正相关关系。

$$
\left.\begin{aligned}
\mu(\text{联石湾咸潮流量}) &= 0.21 + 0.51i + 0.28j \\
\mu(\text{联石湾咸潮海平面}) &= 0.46 + 0.45i + 0.09j \\
\mu(\text{联石湾咸潮潮差}) &= 0.25 + 0.46i + 0.29j \\
\mu(\text{联石湾咸潮最小潮位}) &= 0.40 + 0.44i + 0.17j \\
\mu(\text{联石湾咸潮最大潮位}) &= 0.34 + 0.48i + 0.18j \\
\mu(\text{联石湾咸潮风级}) &= 0.41 + 0.44i + 0.15j
\end{aligned}\right\} \quad (4\text{-}9)
$$

对珠江口枯水期咸潮强度与主要影响因素进行非参相关分析(见表4-4)。由表4-4可见,平岗泵站、联石湾水闸咸度超标时数与流量呈高度负相关,与潮差也呈负相关关系;平岗泵站、联石湾水闸咸度超标时数与最小潮位、海平面、最大潮位、珠江口风级都呈正相关关系;对平岗泵站、联石湾水闸咸度超标时数影响最大的为流量,其次为最小潮位和海平面,再次为珠江口风级。三灶最小潮位对平岗泵站超标时数的影响大于海平面的影响,而联石湾水闸超标时数受海平面的影响略大于三灶最小潮位。因此,咸潮的主要影响因素为流量、三灶最小潮位和海平面,珠江河口风级与咸潮相关性较小,为次要影响因素。

表4-4　珠江口枯水期咸度超标时数与影响因素的 Kendall 相关系数

	平岗泵站	联石湾水闸	流量	潮差	最小潮位	最大潮位	海平面	风级
平岗泵站	1							
联石湾水闸	0.604**	1						
流量	−0.441**	−0.435**	1					
潮差	−0.092	−0.175**	0.234**	1				
最小潮位	0.189**	0.314**	−0.256**	−0.626**	1			
最大潮位	0.044	0.031	0.111*	0.622**	−0.240**	1		
海平面	0.201**	0.324**	−0.146**	−0.082	0.431**	0.278**	1	
风级	0.110*	0.008	−0.045	0.021	0.046	0.093	0.158**	1

注:$0.01 < P < 0.05$ 标"*",$P < 0.01$ 标"**"。

综上所述,咸潮活动与径流、潮汐、海平面、天气等因素密切相关。有学者研究发现,影响河口区咸潮的诸多因素中,流量是主要的甚至是决定性的因素,从图4-5中亦可看出咸潮与流量呈负相关关系。在全球气候变暖的大背景下,我国极端天气气候事件增多、增强,2009~2010 年枯水期珠江流域遭遇历史罕见的降雨稀少、河道径流锐减形势,加剧了咸潮危害。

当珠江口上游来水较少,潮汐动力成为咸潮活动的主导因素,咸潮活动规律与潮汐变化规律一致。咸潮强度与反映潮汐动力强弱的潮差和最小潮位有关。由图4-6可以看出,潮差增大(小潮转大潮)时会导致盐度升高,咸潮上溯更远。图4-7显示,三灶最小潮位与平岗泵站超标时数的变化规律比较一致,当梧州＋石角流量小于 3 000 m³/s时,潮汐动力成为咸潮活动的主导因素,相应规律更加突出。据分析,在 2009 年 11 月 28 日至 12 月 2 日、2009 年 12 月 13~14 日及 2009 年 12 月 28 日至 2010 年 1 月 1 日,主要在径流量较小、潮汐动力增强的影响下咸潮上溯到稳益水厂以上。

在一定的流量条件下,咸度随着海平面的上升而增大。2009 年,广东沿海海平面比常年(1975~1993 年的平均海平面)高 91 mm。2009 年 9~10 月,珠江口沿海海平面处于

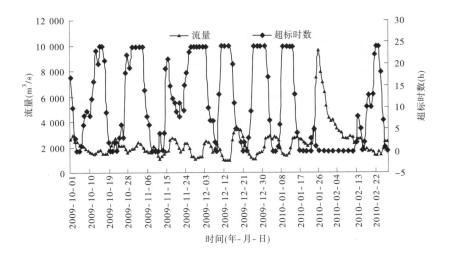

图 4-5　平岗泵站超标时数、流量过程

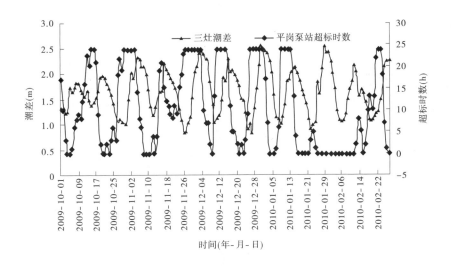

图 4-6　平岗泵站超标时数、三灶潮差过程

全年最高,其中 9 月异常偏高,比常年同期高 154 mm❶(见图 4-8)。由于海平面上升,潮差增大,咸潮上溯距离也加大。所以,海平面上升也是 2009~2010 年枯水期强咸潮形成的重要原因。

对于珠江口咸潮而言,潮汐是驱动因子,径流是抑制因子,而风是扰动因子。枯水期珠江口以东北风为主导风向,当东北风力达到一定程度时(珠江口风级达到 7 级以上),如径流动力不足,咸潮强度将会明显增强。

❶　国家海洋局,2009 年中国海平面公报。

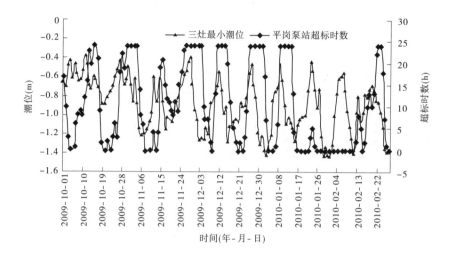

图 4-7 平岗泵站超标时数、三灶最小潮位过程

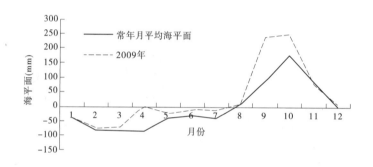

注:1975～1993 年的均值为常年平均海平面,图中取值为 0

图 4-8 2009 年珠江口沿海海平面与常年海平面对比图

4.3 小 结

本章用坐标分布熵法、集对分析、非参相关分析法等辨析了珠江口咸潮与流量、潮差、潮水位、海平面、气象等影响因素的响应规律,主要研究结果如下:

(1)20 世纪 90 年代以来珠江三角洲河口区咸潮有增强趋势,进一步利用近几年咸潮形势进行对比研究,得出 2009～2010 年枯水期磨刀门水道咸潮影响最大。在全球气候变暖的大背景下,我国极端天气气候事件增多、增强,降雨稀少、河道径流锐减,再加上海平面上升、潮汐动力增强等因素,导致了 2009～2010 年枯水期磨刀门水道出现历史罕见的强咸潮。

(2)多种方法对比研究显示,珠江口咸潮与径流、潮差呈负相关关系,与海平面、最小潮位、最大潮位和风级呈正相关关系。珠江口咸潮的主要影响因素为流量、三灶最小潮位和海平面,珠江河口潮差、风级与咸潮相关性较小,为次要影响因素。

　　(3)平岗泵站和联石湾水闸咸潮对各影响因素的敏感性有差异。平岗泵站与流量相关性更好,说明对流量更敏感,联石湾水闸与海平面、最小潮位、潮差和最大潮位的敏感性大于平岗泵站,亦说明靠近河口区的联石湾水闸受潮汐影响更大。

　　(4)未来全球气候还将持续变暖,珠江流域枯水径流出现的概率及枯水严重程度如何,需要进一步加强在更长时间序列上珠江流域枯水出现规律及原因的研究。珠江口海平面上升速度在加快,应增加海平面上升的监控,探讨海平面上升对咸潮影响的规律。磨刀门水道的咸潮变化还受其他因素的影响,如地面沉降、河口延伸、波浪叠加、河道地形、联围筑闸等,咸潮活动机制复杂,还有待于深入研究。

第5章　咸潮上溯对海平面上升的响应

海平面上升引起的珠江口咸潮上溯加剧是海平面上升在珠江口造成的严重环境问题之一,对经济发达的珠江口地区的枯季供水安全构成极大威胁,因此十分有必要研究珠江口咸潮上溯对海平面上升的响应规律。本章在总结回顾国内外河口区咸潮上溯特征研究概况和计算方法的基础上,根据珠江口水文系统的特点,采用野外调查法、统计分析法、一维动态潮流含氯度(浓度)数学模型等理论和研究方法,对海平面上升影响下的珠江口咸潮上溯进行研究,计算了不同海平面上升幅度情境下 250 mg/L 咸潮界线的具体上移距离,最后得出咸潮上溯对海平面上升的响应规律,以期给珠江三角洲地区城市供水、农业灌溉引水等提供科学依据和决策参考,减轻海平面上升危害,以确保 21 世纪珠江口地区资源、环境、经济和社会的可持续发展。

5.1　珠江口海平面上升的识别

气候变化和海平面上升是目前全球关注的热点问题。现代海平面变化延续了历史海平面变化,在地质历史时期海平面变化已不是一种罕见的现象。在对广东省沿海一些海滩岩高程和年龄的检测中,发现存在 5 000 aBP、3 500 aBP、2 000 aBP 的 3 次相对高海平面。通过对雷州半岛西南角的古礁坪的仔细研究,证实了存在 6 550 ~ 4 040 aBP 的相对高海平面(3.0 ~ 3.6 m)。利用同剖面、高分辨率、密取样的连续沉积层,能更好地发现海平面的变化。多项环境信息研究显示,在约 1 400 aBP 以来海平面的波动变化出现了 6次。目前,海平面所在的位相和发展趋势可以根据历史海平面的波动周期变化判断。

海平面上升包含绝对海平面上升和相对海平面上升的综合作用。绝对海平面上升的主要原因是全球气候变暖导致的海水膨胀、陆源冰川冰帽融化和极地冰盖。相对海平面上升的原因是沿海地区的地面沉降,地面沉降对海平面上升具有间接影响。据统计,全球平均气温在 20 世纪上升了 (0.6 ± 0.2) ℃,同期中国平均气温的升高值为 0.5 ~ 0.8 ℃;在 20 世纪全球海平面上升速率是 (1.7 ± 0.5) mm/a,中国沿海海平面上升速率高于全球平均水平,达到 2.5 mm/a。IPCC 2007 年最新发布的"第四次评估报告"预测,海平面高度在 2050 年的最佳估计值将比目前约高 20 cm。全球气温在未来 100 年将上升 1.6 ~ 6.4 ℃,并且北半球的中高纬度地区气温升高幅度最大,此范围就包括我国。未来 100 年全球海平面上升幅度达 0.22 ~ 0.44 m。据中国国家海洋局预测,我国平均海平面到 2050年时将比 2001 年升高 13 ~ 22 cm。依据具有 72 年系列资料的香港—澳门的近海海平面变化计算分析,到 2030 年海平面上升 8.0 cm,上升速率达 2.0 mm/a。依据 1995 年 IPCC预报的全球气温升高值的最佳值,估计 2030 年海平面上升值是 7 cm,速率是 1.75 mm/a。黄镇国(2000)认为 2030 年珠江三角洲沿海理论海平面上升速率为 2.0 mm/a 是较合理的。据 2006 年中国海平面公报资料,珠江三角洲沿海海平面平均上升速率为 2.0 mm/a。

在全球背景下预测珠江三角洲沿海 2030 年海平面上升值才是稳妥的,研究显示:第一,全球海平面上升速率在过去 100 年平均为 1.5 mm/a;第二,1990～2030 年海平面上升速率较高,达到 3.0 mm/a;第三,与过去 100 年相比,目前海平面有加速上升趋势。

利用潮位数据计算,海平面变化在不同时期呈不规则波动变化。海平面变化包括趋势变化和波动变化。趋势变化是预报的基本项,是预报某一时期水平年的海平面变化。波动变化反映了异常海平面,是由周期性因素和非周期性因素影响的结果,这种波动幅度在珠江三角洲沿海为 8～10 cm。应通过多种方法重点进行珠江口理论海平面的趋势变化预报,然后运用经验方法,加强波动变化的预测。

不同的研究者计算的海平面上升速率具有差异性,主要原因是利用的潮汐观测站资料和计算方法不同,但总体上结果相近,数量级相同。与近百年相比,全球海平面上升速率在近数十年在加快,在珠江口也有很明显的上升趋势。香港站是我国华南三省(区)沿海全国海平面变化监测网仅有的观测站,同时为中国沿海地区一等水准监测网参考站之一,利于研究沿海地区地壳垂直运动。闸坡站(北纬 21°35′,东经 111°50′)在阳江市海陵岛的西南端闸坡渔港港池西岸,由国家海洋局统计的闸坡站海平面资料可以看出具有明显的上升趋势,如图 5-1 所示。

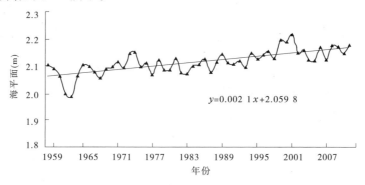

图 5-1　1959～2011 年闸坡站海平面变化趋势

5.1.1　珠江口海平面上升的年际变化

各研究者虽然选择的潮汐观测站和计算方法各不相同,但是所获得的海平面上升速率总体来说比较接近。研究表明,近数十年的全球海平面上升速率比近百年的快,在珠江口这种趋势也非常显著。珠江口海平面上升具有明显的年际变化特征,如图 5-2 所示。以 1975～1986 年的平均海平面作为常年平均海平面,2011 年,广东沿海海平面比常年平均海平面高 93 mm,比 2010 年高 29 mm。据估计,未来 30 年,珠江口沿海海平面将比 2008 年上升 78～150 mm。

5.1.2　珠江口海平面上升的季节变化

珠江口海平面还具有季节变化特征。由于我国沿海是季风气候,季风和海洋环流等季节性因素共同影响我国沿海地区,所以海平面的季节变化较显著,冬春季是较低海平面季节,夏秋季是较高海平面季节。海平面变化的季节性具有双峰特性,在 6 月和 10 月出

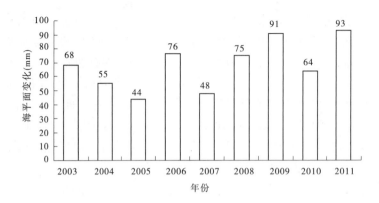

图 5-2　2003～2011 年广东沿海海平面高于常年海平面的变化

现两个峰值,6 月的峰值系珠江径流影响所致,10 月的峰值是一年中的高海平面。2011 年,广东东部沿海 1 月、3 月、9 月和 12 月海平面明显偏高,比常年同期分别高 157 mm、118 mm、124 mm 和 183 mm。2011 年 4 月海平面偏低,比常年同期偏低 11 mm(见图 5-3)。

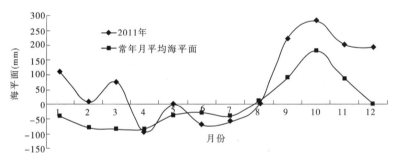

图 5-3　珠江口沿海海平面变化

　　珠江口海平面上升受径流、厄尔尼诺事件、人为因素、洪潮水位的附加值、地形变化等因素的共同影响,通过多种方法预报和对比分析,珠江三角洲河口地区 2030 年相对海平面上升幅度的推荐值为 +20 cm。

5.2　珠江口咸潮上溯对海平面上升的响应

5.2.1　咸潮上溯的研究方法

　　国内外学者已经针对河口咸潮上溯问题进行了一系列的研究,取得了许多研究成果。河口咸潮上溯研究主要包括原型观测分析法、物理模型试验法和数值模拟法等。

5.2.1.1　原型观测分析法

　　原型观测分析法主要是利用大量实测资料分析径流量与河口含盐度之间的经验关系,从而进行咸潮上溯的预测预报。美国的水道试验站(WES)和荷兰 Delft 水工试验所在这方面做了很多研究。通过大量现场观测,人们对河口咸潮上溯的基本规律及其影响因素有了深入认识。20 世纪 50 年代以后,Pritchard、Bowden 和 Hansen 等学者先后对咸潮上溯距离、盐淡水混合和水体盐度分布及其对水流和泥沙运动影响等进行了研究;Hansen、Bowden 和 Simmons 分别从不同的角度对河口咸潮上溯类型进行了分类。国内对咸潮上溯研究始于 20 世纪 60 年代初,黄新华等(1962)研究了西江三角洲的咸潮入侵问题,分析了咸潮活动的一般规律。随后毛汉礼等(1963)对长江口及杭州湾盐淡水混合进行研究。金元欢等(1992)利用频率向量作为分类指标对中国河口盐淡水混合特征进行了研究。茅志昌(1995,2000,2001)对长江口咸潮上溯的机制进行了深入的研究。该方法的局限性是观测费用高、地域局限性大,能获得的观测资料极为有限。

5.2.1.2　物理模型试验法

该法主要通过建立河口物理模型进行试验研究,确定盐度的扩散输移机制及其与水、沙的关系,为河口地区咸潮上溯研究提供科学依据。Grigg et al(1997)通过水槽试验分析了咸潮上溯时不同地形影响下的紊动混合强度和空间分布。2003 年完成的珠江口整体物理模型是国内比较有影响的物理模型,该模型建立了珠江三角洲河口与海区的整体潮汐物理模型,为珠江三角洲防洪、调水压咸、防污提供了强有力的技术支撑。由于物理模型需要大量的人力、物力,而且所需的时间长,因此限制了它的发展。

5.2.1.3　数值模拟法

随着计算机的迅速发展和计算方法的改进,数值模拟得到蓬勃发展,已成为目前研究咸潮上溯问题最为普遍的方法。Ippen et al(1961)通过河口咸潮上溯的一维分析,建立了拟恒定河口盐度分布关系式。在国内,河口一维盐度模型在长江口、珠江口、钱塘江口等也有广泛应用。一维数学模型较适合于那些河道形态较为规则,盐淡水间存在较为强烈的混合,盐度密度在水平方向较明显,而垂向盐度密度梯度较小的河流。

20 世纪 50 年代,Pritchard(1952)就用二维盐度守恒方程分析了河口的实测资料,提出了垂直分散系数的经验公式。20 世纪 70 年代以后,二维咸潮上溯数学模型及其解析方法研究有了较大进展。在前人研究的基础上,Fisher 提出了比较完善的二维解析方法。在国内,王义刚等(1989,1991)、李晓(1990)提出沿水宽平均的垂面二维流体运动方程及盐度扩散方程。胡振红等(2001)则建立了温、盐分层流的二维 $k \sim \varepsilon$ 模型。

最早采用三维计算方法的是 Leendertse 等。1983 年,Backhaus 提出三维斜压水流盐度数学模型,并在世界许多河口及近海得到广泛应用。Meselhe 等(2001)则采用有限差分三维模型进行水流和盐度模拟研究。在国内,河口三维盐度模型已在长江口、珠江口得到一些应用。

数学模型经历了从一维发展到三维的过程,在研究咸潮上溯问题时具有重要价值。由于数学模型具有投资少、运行周期短、效率高等优点,具有较好的通用性和复演性,重复模拟时具有理想的抗干扰性,所以日益成为研究泥沙、潮流及咸潮运动规律的一个强有力的手段。利用数学手段,为了定量分析海平面上升对咸潮上溯影响,建立珠江口网河区的数学模型,促进珠江口地区水资源的合理开发利用。依据珠江口的特征建立了一维动态潮流含氯度数学模型,模型的计算过程如图 5-4 所示。

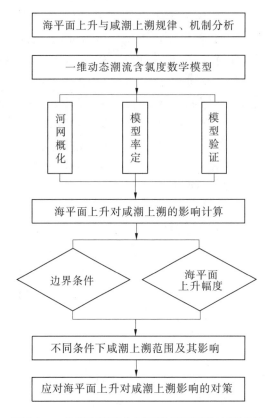

图5-4　一维动态潮流含氯度数学模型的计算过程

5.2.2　数学模型原理

　　珠江口一维动态潮流含氯度(浓度)模型的基本方程主要有潮流和含氯度(浓度)的河段方程、汊点方程等。利用非耦合解法计算潮流和含氯度(浓度),首先单独求解潮流,然后求解含氯度(浓度)。

5.2.2.1　一维动态潮流数学模型

　　1.基本方程

　　一维动态潮流数学模型的基本方程为圣维南方程组:

连续方程
$$\frac{\partial Z}{\partial t} + \frac{1}{B}\frac{\partial Q}{\partial x} = \frac{q}{B} \tag{5-1}$$

动量方程
$$\frac{\partial Q}{\partial t} + \left(gA - \frac{BQ^2}{A^2}\right)\frac{\partial Z}{\partial x} + \frac{2Q}{A}\frac{\partial Q}{\partial x} = \frac{Q^2}{A^2}\frac{\partial A}{\partial x}\bigg|_z - \frac{gQ|Q|}{Ac^2R} \tag{5-2}$$

式中　Z——河道断面水位;

　　　Q——流量;

　　　A——河道过水面积;

　　　g——重力加速度;

　　　B——河道过水宽度;

　　　q——旁侧入流量;

R——水力半径;

c——谢才(Chezy)系数;

x、t——位置坐标和时间坐标。

2. 求解方法

1) 差分格式

运用四点加权 Preissmann 隐式差分格式(见图 5-5)离散圣维南方程组,利用追法求解。以 F 代表流量 Q 和水位 Z,那么 F 在河道时段内加权平均量和相应偏导数可以表示为

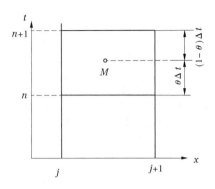

图 5-5　差分格式示意图

$$\begin{cases} F = \dfrac{1}{2}(F_{j+1}^n + F_j^n) \\[2mm] \dfrac{\partial F}{\partial x} = \theta \dfrac{F_{j+1}^{n+1} - F_j^{n+1}}{\Delta x} + (1 - \theta)\left(\dfrac{F_{j+1}^n - F_j^n}{\Delta x}\right) \\[2mm] \dfrac{\partial F}{\partial t} = \dfrac{F_{j+1}^{n+1} + F_j^{n+1} - F_{j+1}^n - F_j^n}{\Delta t} \end{cases} \tag{5-3}$$

式中　θ——加权系数,一般取 $0.5 \sim 1.0$。

2) 河道方程

设河道共有 m 个断面,则有 $(m-1)$ 个微段,首断面编号为 1,末断面编号为 m。按照式(5-3)离散格式,潮流从 j 断面流向 $j+1$ 断面有:

连续方程　　　　　$-Q_j^{n+1} + Q_{j+1}^{n+1} + c_j Z_j^{n+1} + c_j Z_{j+1}^{n+1} = D_j$ 　　　(5-4)

动力方程　　　　　$E_j Q_j^{n+1} + G_j Q_{j+1}^{n+1} - F_j Z_j^{n+1} + F_j Z_{j+1}^{n+1} = \varphi_j$ 　　　(5-5)

其中,

$$c_j = \frac{B_{j+\frac{1}{2}}^n \Delta x_j}{2\Delta t \theta}$$

$$D_j = \frac{q_{j+\frac{1}{2}} \Delta x_j}{\theta} - \frac{1-\theta}{\theta}(Q_{j+1}^n - Q_j^n) + c_j(Z_{j+1}^n + Z_j^n)$$

$$B_{j+\frac{1}{2}}^n = (B_j^n + B_{j+1}^n)/2$$

$$E_j = \frac{\Delta x_j}{2\theta\Delta t} - (\alpha u)_j^n + \left(\frac{g|u|}{2\theta c^2 R}\right)_j^n \Delta x_j$$

$$G_j = \frac{\Delta x_j}{2\theta\Delta t} + (\alpha u)_{j+1}^n + \left(\frac{g|u|}{2\theta c^2 R}\right)_{j+1}^n \Delta x_j$$

$$F_j = (gA)_{j+\frac{1}{2}}^n$$

$$\varphi_j = \frac{\Delta x_j}{2\theta\Delta t}(Q_{j+1}^n + Q_j^n) - \frac{1-\theta}{\theta}\left[(\alpha u Q)_{j+1}^n - (\alpha u Q)_j^n\right] - \frac{1-\theta}{\theta}(gA)_{j+\frac{1}{2}}^n(Z_{j+1}^n - Z_j^n)$$

由曼宁公式 $c = \dfrac{1}{n}R^{1/6}$,则　$\dfrac{g|u|}{2\theta c^2 R} = \dfrac{gn^2|u|}{2\theta R^{4/3}}$。

为书写方便,忽略上标 $(n+1)$,可把式(5-4)、式(5-5)的任一微段差分方程写为

$$- Q_j + Q_{j+1} + c_j Z_j + c_j Z_{j+1} = D_j \qquad (5\text{-}6)$$

$$E_j Q_j + G_j Q_{j+1} - F_j Z_j + F_j Z_{j+1} = \varphi_j \qquad (5\text{-}7)$$

式中,由初值计算 c_j、D_j、E_j、F_j、G_j、φ_j,因此方程组是常系数线性方程组。对一条有 $m-1$ 个微段的河道,存在 $2(m-1+1)$ 个未知量,就能得到 $2(m-1)$ 个方程,还有河道两端的边界条件,构成封闭的代数方程组。

珠江口河网中的任一单独河道有前后相连有序的微段方程,都能方便地对其自相消元,获得只含有河段首、末断面变量的河段方程组:

$$Q_1 = \alpha_1 + \beta_1 Z_1 + \delta_1 Z_m \qquad (5\text{-}8)$$

$$Q_m = \theta_m + \eta_m Z_m + \gamma_m Z_1 \qquad (5\text{-}9)$$

其中,Z_1 为首节点水位,Z_m 为末节点水位。

3)汊点(节点)连接方程

汊点是河道的交汇点,在汊点上,水流必须满足水流连续(水量守恒)及动量守恒条件。利用汊点相容方程和边界方程,消去河段首、末断面的某个状态变量(流量或水位),形成节点流量或水位的汊点方程组。

流量衔接条件:设出流为正、入流为负,进出每一节点的流量必须与该节点内实际水量的增减率相平衡,即

$$\sum_{i=1}^{l} Q_i^k = \frac{\partial \Omega_k}{\partial t} = A_k \frac{Z_k^{j+1} - Z_k^j}{\Delta t} \qquad (5\text{-}10)$$

式中 l——汊点相连河段数;

   k——节点号;

   Q_i——通过 i 断面进入节点的流量;

   Ω——节点的蓄水量;

   A——调蓄节点的蓄水面积(汇合区面积);

   Z^{j+1}、Z^j——调蓄节点 $j+1$ 时刻和 j 时刻的水位。

若调蓄节点面积很小,则

$$\sum Q_i = 0 \qquad (5\text{-}11)$$

动力衔接条件:当各断面的过水面积相差较大,流速差别较明显,节点的局部损耗可以省略,利用伯努利(Bernoulli)方程有

$$Z_1 + \frac{u_1^2}{2g} = Z_2 + \frac{u_2^2}{2g} \qquad (5\text{-}12)$$

若将节点概化为一个几何点,水流出入各节点表现平缓,水位突变也不存在时,那么各节点断面的水位应相等,取该节点的水位平均值,即

$$Z_1 = Z_2 = \cdots = \overline{Z} \qquad (5\text{-}13)$$

由式(5-6)和式(5-7)以及河网边界条件及汊点连接条件,可以得到节点方程组。节点方程组包括边界点方程和节点连接方程。边界点方程共有 B 个,B 为边界点数;节点连接方程共有 L 个,L 为节点汊道数。设节点处水位处处相同,则据此可以列出以河道首、末断面流量为未知数的方程 $L-1$ 个。另根据节点流量平衡条件,在每个节点处又可列出以河道首、末断面流量为未知数的方程 1 个,则整个河网节点连接方程有 $2N_r - B$ 个,$2N_r$

为河道数。节点连接方程和边界点方程共有 $2N_r$ 个,网河中每条河道首、末断面流量和边界点流量有 $2N_r$ 个,未知量个数和方程个数相同,方程组存在唯一解,采用迭代法求解。

5.2.2.2　一维动态含氯度(浓度)数学模型

1. 基本方程

河道方程

$$\frac{\partial(AC)}{\partial t} + \frac{\partial(QC)}{\partial x} - \frac{\partial}{\partial x}\left(AE_x \frac{\partial C}{\partial x}\right) + S_c = 0 \tag{5-14}$$

河道交叉点方程

$$\sum_{l=1}^{NL} (QC)_{l,j} = (C\Omega)_j \left(\frac{\mathrm{d}Z}{\mathrm{d}t}\right)_j \tag{5-15}$$

式中　Q——流量;

Z——水位;

A——水道断面面积;

E_x——含氯度扩散系数;

C——氯浓度;

Ω——节点的水面面积;

j——节点编号;

l——与节点 j 相连接的河道编号;

S_c——氯离子的衰减项,这里 $S_c = k_d AC$,k_d 为衰减系数。

2. 求解方法

对式(5-14),用隐式差分迎风格式将其离散。以顺流向情况的差分为例,式中的时间项采用前差分,对流项采用迎风差分,扩散项采用中心差分格式,得

$$
\begin{cases}
\dfrac{\partial(AC)}{\partial t} = \dfrac{(AC)_i^{k+1} - (AC)_i^k}{\Delta t} \\[2ex]
\dfrac{\partial(QC)}{\partial x} = \dfrac{(QC)_i^{k+1} - (QC)_{i-1}^{k+1}}{\Delta x_{i-1}} \\[2ex]
\dfrac{\partial}{\partial x}\left(AE_x \dfrac{\partial C}{\partial x}\right) = \left[\dfrac{(AE_x)_i^{k+1} C_{i+1}^{k+1} - (AE_x)_i^{k+1} C_i^{k+1}}{\Delta x_i} - \right. \\[2ex]
\qquad\qquad \left. \dfrac{(AE_x)_{i-1}^{k+1} C_i^{k+1} - (AE_x)_{i-1}^{k+1} C_{i-1}^{k+1}}{\Delta x_{i-1}}\right] \dfrac{1}{\Delta x_{i-1}} \\[2ex]
S_c - S = \overline{K}_{di-1}^{k+1} (AC)_i^{k+1} - \overline{S}_{i-1}^{k+1}
\end{cases}
\tag{5-16}
$$

对于逆流向情况可得到类似的结果,式中 $\overline{K}_d$、$\overline{S}$ 表示河段值,上角标 k 是时段的初值,$k+1$ 是时段末值,下文中凡出现时段末值,都省略上标。

考虑到河网中流向顺逆不定,离散基本方程时,需要引入流向调节因子 r_c 及 r_d,将顺、逆流向的离散方程统一到同一方程中,经整理后得

$$a_i C_{i-1} + b_i C_i + c_i C_{i+1} = Z_i \quad (i = 1, 2, \cdots, n) \tag{5-17}$$

式中　a_i, b_i, c_i——系数;

C_i——i 断面时段末的浓度;

n——某河道的断面数。

对于一般断面$(i = 2, 3, \cdots, n-1)$有

$$\begin{cases} a_i = -(r_{c1}D_{11} + r_{d1}D_{21} + F_{c1})\Delta t/V \\ b_i = (r_{c1}D_{11} + r_{c2}D_{22} + r_{d1}D_{21} + r_{d2}D_{32} + F_{c2} - F_{d2})\Delta t/V + \\ \quad\quad (r_{c1}\overline{K}_{k,i-1} + r_{d2}\overline{K}_{d,i})\Delta t + 1.0 \\ c_i = -(r_{c2}D_{22} + r_{d2}D_{32} - F_{d3})\Delta t/V \\ z_i = \alpha_i C_i^k + (r_{c1}\overline{S}_{i-1}\Delta x_{i-1} + r_{d2}\overline{S}_i \Delta x_i)\Delta t/V \end{cases} \quad (5\text{-}18)$$

对于首断面$(i = 1)$有

$$\begin{cases} a_1 = 0 \\ b_1 = (r_{d2}D_{32} - F_{d2})\Delta t/V_2 + r_{d2}\overline{K}_{d,1}\Delta t + r_{d2} \\ c_1 = -(r_{d2}D_{32} - F_{d3})\Delta t/V_2 \\ z_1 = \alpha_1 C_1^k + r_{d2}\overline{S}_1 \Delta x_1 \cdot \Delta t/V_2 \end{cases} \quad (5\text{-}19)$$

对于末断面$(i = n)$有

$$\begin{cases} a_n = -(r_{c1}D_{11} + F_{c1})\Delta t/V_1 \\ b_n = (r_{c1}D_{11} + F_{c2})\Delta t/V_1 + r_{c1}\overline{K}_{d,n-1}\Delta t + r_{c1} \\ c_n = 0 \\ z_n = \alpha_n C_n^k + r_{c1}\overline{S}_{n-1}\Delta x_{n-1} \cdot \Delta t/V_1 \end{cases} \quad (5\text{-}20)$$

其中，

$$\begin{cases} V_1 = \Delta x_{i-1}(A_{i-1} + A_i)/2, \quad V_2 = \Delta x_1(A_i + A_{i+1})/2 \\ V = r_{c1}V_1 + r_{d2}V_2, \quad\quad \alpha_i = A_i^k/A_i \end{cases} \quad (5\text{-}21)$$

$$\begin{cases} D_{11} = (AE_x)_{i-1}/\Delta x_{i-1}, \quad\quad D_{22} = (AE_x)_i/\Delta x_i \\ D_{21} = (AE_x)_i/\Delta x_{i-1}, \quad\quad D_{32} = (AE_x)_{i+1}/\Delta x_i \end{cases} \quad (5\text{-}22)$$

$$\begin{cases} F_{c1} = (Q_{i-1} + Qa_{i-1})/2, \quad\quad F_{c2} = (Q_i + Qa_{i+1})/2 \\ F_{d2} = (Q_i - Qa_i)/2, \quad\quad F_{d3} = (Q_{i+1} - Qa_{i+1})/2 \end{cases} \quad (5\text{-}23)$$

$$\begin{cases} Q_w = (Q_{i-1} + Q_i)/2, \quad\quad Q_e = (Q_i + Qa_i)/2 \\ r_{c1} = (Q_w + Qa_w)/(2Q_w), \quad\quad r_{c2} = (Q_e + Qa_e)/(2Q_e) \\ r_{d1} = (Q_w - Qa_w)/(2Q_w), \quad\quad r_{d2} = (Q_e - Qa_e)/(2Q_e) \\ r_c = r_d = 0 \quad (\text{当 } Q_w, Q_e = 0) \end{cases} \quad (5\text{-}24)$$

上两式中的各个变量Qa是相应于流量Q的绝对值。

式(5-17)是由n个方程组成的线性隐式差分方程组。差分方程组的求解分单一河道的求解和节点方程的求解。

一维动态含氯度(浓度)数学模型求解步骤如下：

(1)在河网水流计算的基础上，根据河道的流态，利用式(5-17)～式(5-20)，建立每条河道上各断面氯浓度的递推方程组。

(2)建立汊点氯浓度方程组，与任意一个河道汊点相连的水道首断面或末断面，若该

断面上流向是流出汊点,则该断面氯浓度是汊点氯浓度;若该断面上流向为流入汊点,可以依据该断面所在河道的递推方程组得到该断面氯浓度的计算式,代入式(5-20),获得汊点氯浓度方程组。根据汊点氯浓度方程组,求得网河中每个汊点的氯浓度值。

(3)将汊点氯浓度值回代给与汊点相连的河道首、末断面未知量,利用河道上的递推方程组,求解河道上各断面的氯浓度。

5.2.3　模型的率定与验证

根据上述基本方程,对珠江口网河水系建立一维动态含氯度(浓度)数学模型,来模拟三角洲网河的主要河道。北江的三水站、西江的马口站、流溪河的老鸦岗水文站为上游边界,下游边界是取黄埔(珠江广州河段)、三沙口(沙湾水道)、南沙(焦门水道)、万顷沙西(洪奇沥)、横门(横门水道)、灯笼山(磨刀门水道)、黄金(鸡啼门水道)、黄冲(崖门水道)、西炮台(虎跳门水道),均有常规逐时流量或潮位观测资料可以利用。将网河区进行概化以便于简化计算,珠江口地区概化后共有 139 条河道,582 个断面,84 个内节点,125条内河道,14 条外河道。模型率定的边界条件主要为:上游入口断面三水站、马口站、老鸦岗站采用 1991 年枯水期 12 月 14 ~15 日逐时实测流量,下游控制边界采用同期逐时实测潮位。参考诸多单位已有的科研成果,珠江口的河床糙率范围为 0.016 ~0.035,在此基础上,通过计算调试率定出西北江三角洲网河区枯水期河道糙率在 0.016 ~0.044,计算时间步长为 10 min,空间步长为 500 ~2 500 m 不等。

选取容奇、小榄和南华站作为水量模型率定的验证站点,以与模型计算时刻同期(1991 年 12 月 15 日 1 时~17 日 24 时)监测的观测水位数据对计算结果进行对比分析,结果显示潮位过程的相位计算与实测基本一致。小榄站的平均绝对误差为 0.04 m,潮位峰谷值的计算偏差在 0.026 ~0.063 m;南华站的平均绝对误差为 0.06 m,潮位峰谷值的计算偏差在 0.007 ~0.1 m。

模型验证的边界条件为:上游入口断面为马口站、三水站、老鸦岗站,采用 2001 年 2月 7 ~15 日实测流量过程线,天河站、黄埔站、三沙口站、横门站等为下游控制站,利用同期实测潮位过程线。模型初始水位、流量值选模型率定时的数值。参考模型率定范围与验证范围的对应关系,参数是模型直接率定的,模型的验证站点是容奇和南华,计算结果验证采用与枯水期同步监测的逐时观测流量和水位资料,研究结果发现计算值和实测值拟合较好。

5.2.4　实例应用

一维动态潮流含氯度数学模型的研究范围为:西江的马口站、北江的三水站、潭江的石嘴站等为上边界;虎门的大虎站、蕉门的南沙站、洪奇门的冯马庙站、横门的横门站、磨刀门的灯笼山站、鸡啼门的黄金站、虎跳门的西炮台站及崖门的官冲站为下边界。一维动态潮流含氯度数学模型使用的水文数据选取资料较为完善的实测水文资料,选用各个代表站 2004年 2 月 21 日 17 时至 23 日 6 时的逐时实测潮流量、水位、咸度等数据。本研究分别模拟计算了不同的上边界来水条件和不同的海平面上升幅度情景下珠江口咸潮上溯情况。

5.2.4.1　数学模型计算值与珠江水利委员会计算值的对比分析

采用 2004 年 2 月的实测数据,利用一维动态潮流含氯度数学模型对 250 mg/L 咸度界线进行模拟计算,把计算所得的结果和珠江水利委员会计算的同期咸潮上溯界线进行了对比分析,如图5-6所示,两种计算结果具有较好的一致性,说明一维动态潮流含氯度数学模型计算的咸潮上溯界线精度具有可靠性。

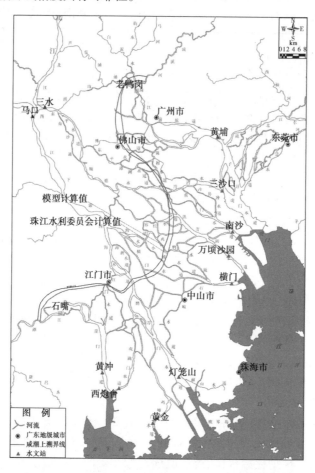

图5-6　数学模型计算值与珠江水利委员会计算值的对比

5.2.4.2　不同海平面上升幅度对咸潮上溯的影响

由前一章分析可知,珠江口联石湾水闸和平岗泵站等代表取水口的咸度与上游来水流量存在高度的负相关性。利用1989～2004年实测逐日流量资料进行频率分析,探讨不同频率的来水流量条件下咸潮上溯对海平面上升的响应。基于枯水期咸潮上溯影响最大,本研究重点选取了来水频率 $P = 97\%$、$P = 90\%$、$P = 50\%$ 保证率下的流量(见表5-1),利用一维动态潮流含氯度数学模型计算了特定频率的来水流量条件下咸潮上溯对不同海平面上升的响应,250 mg/L的咸潮界线分布如图5-7～图5-9所示。由图看出,随着上游来水频率的增大,流量减小,咸潮上溯距离增大;同一来水频率条件下,随着海平面的上升,咸潮界线明显向上游方向移动。在50%、90%和97%三种来水频率条件下和海平面上升幅度为0、10 cm、30 cm、60 cm的情景下,珠江口地区广州市、中山市、珠海市、香港、澳门等地枯水期都会受咸潮上溯的影响,严重威胁城乡供水安全。

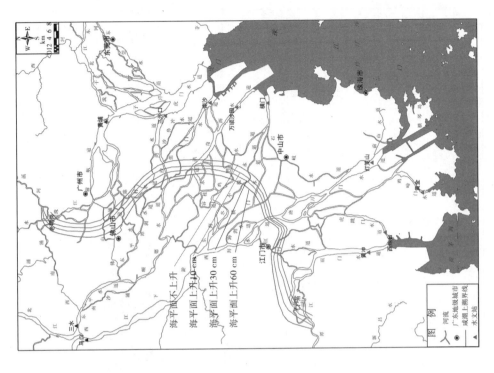

图 5-8　来水频率为 90% 的流量条件下咸潮上溯界线

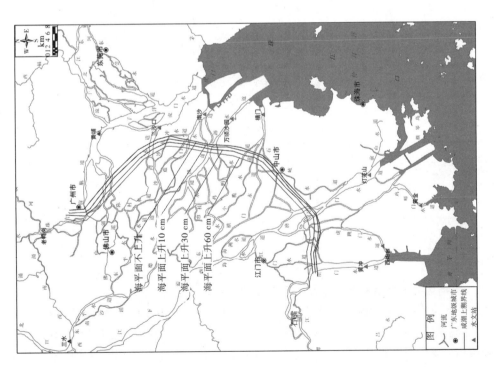

图 5-7　来水频率为 50% 的流量条件下咸潮上溯界线

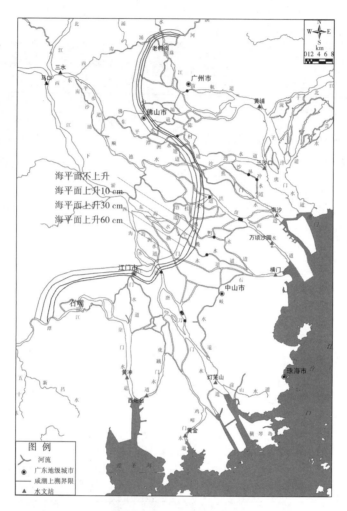

图 5-9　来水频率为 97% 的流量条件下咸潮上溯界线

表 5-1　不同来水频率下的流量

来水频率(%)	流量(m³/s)	
	马口	三水
97	1 430.320	250.258
90	1 861.613	331.419
50	4 879.333	1 059.258

5.2.4.3　不同边界来水条件下海平面上升对咸潮上溯的影响

利用一维动态潮流含氯度数学模型分别计算了海平面上升 0、10 cm、30 cm 和 60 cm 的情况下,不同来水频率条件下的咸潮上溯位置。250 mg/L 咸潮界线的位置如图 5-10 ~ 图 5-13 所示。由图可以看出,同一海平面上升幅度条件下,咸潮上溯距离随着边界来水频率的增大而增大,咸潮上溯界线向上游方向移动显著。

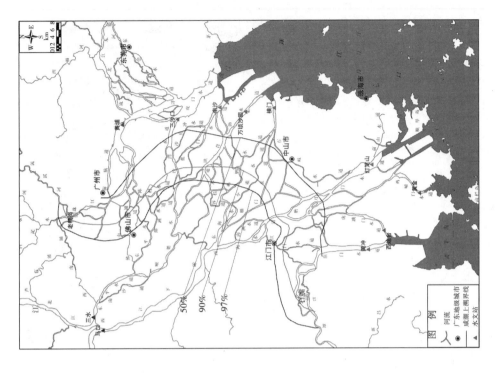

图 5-11　海平面上升 10 cm 时不同来水频率的咸潮上溯界线

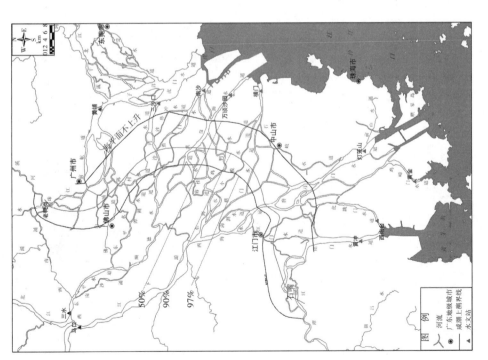

图 5-10　海平面不上升时不同来水频率的咸潮上溯界线

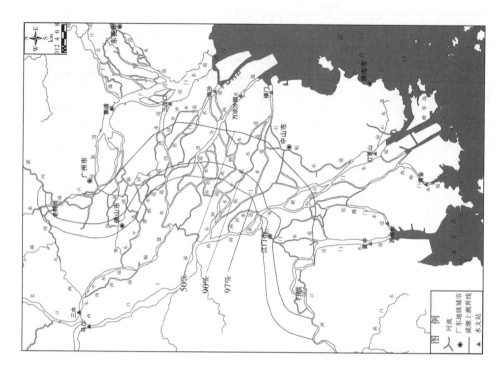

图 5-13　海平面上升 60 cm 时不同来水频率的咸潮上溯界线

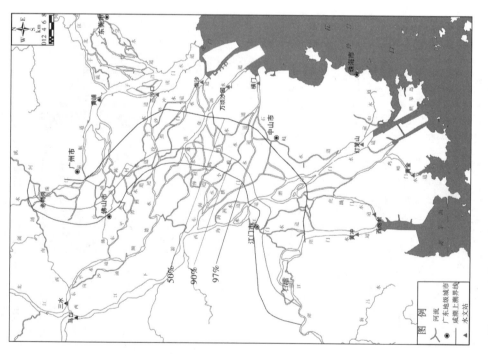

图 5-12　海平面上升 30 cm 时不同来水频率的咸潮上溯界线

5.2.4.4 海平面上升对咸潮上溯距离的影响

潮差是河口区影响咸潮上溯距离的重要因素之一。海平面上升会导致潮差增大,潮动力增强,咸潮上溯距离也增大。研究海平面上升对咸潮上溯距离的影响,需加强研究的还有两点:①潮波振幅也将随海平面上升发生变化;②在未来不同海平面上升幅度情景下,咸度分布在河口沿程肯定要发生新的变化,用目前实测资料校验会使计算结果偏小。表5-2和表5-3是利用一维动态潮流含氯度数学模型模拟的未来不同海平面上升幅度情景下代表口门的咸潮上溯距离,由表5-2、表5-3发现,流量减少导致咸潮上溯距离增大,海平面上升亦导致咸潮上溯距离增大;在同一级流量条件下,海平面上升使咸潮上溯距离增大。一维动态潮流含氯度数学模型计算结果与学者李平日、黄镇国、李素琼等利用伊本(Ippen)和哈里曼(Harleman)模型(落憩模型)或赛维真(Savenije)模型(涨憩模型)计算的珠江口咸潮上溯距离进行对比发现,结果基本一致,从实际调查数据也显示,本研究计算结果是合理的。

据李平日等(1994)计算,以旱年高潮为计算对象,标志咸度为2.0,海平面上升0.27~0.30 m后,横门和洪奇门咸潮上溯距离增大。利用旱年1967年和1960年流量状况计算,以横门站为起算位置,横门水道的咸潮上溯距离增大值为1.19 km和1.29 km。

李素琼等(2000)根据 Ippen 和 Harlemen 的扩散理论和方法推算,当海平面上升0.4~1.0 m 时,珠江伶仃洋海区、磨刀门、鸡啼门、黄茅海各入海口门咸潮上溯距离的变化情况,结果为虎门水道咸潮入侵距离增加1~3 km,最大约4 km,磨刀门水道咸潮入侵最大距离增加约3 km,黄茅海区最大入侵距离增加5 km。

表 5-2 横门水道咸潮上溯距离

来水频率 (%)	标志咸度 (mg/L)	起算位置	海平面 上升值 (cm)	咸潮上溯 距离 (km)	上溯距离 增大值 (km)	比海平面未上升 时上溯距离 增大值(km)
50	250	横门站	0	13.1	0	0
			10	13.8	0.7	0.7
			30	14.6	0.8	1.5
			60	16.3	1.7	3.2
90	250	横门站	0	26.2	0	0
			10	27.1	0.9	0.9
			30	28.1	1.0	1.9
			60	30.0	1.9	3.8
97	250	横门站	0	30.8	0	0
			10	31.9	1.1	1.1
			30	33.9	2.0	3.1
			60	37.0	3.1	6.2

表 5-3　磨刀门水道咸潮上溯距离

来水频率 （%）	标志咸度 （mg/L）	起算位置	海平面 上升值 （cm）	咸潮上溯 距离 （km）	上溯距离 增大值 （km）	比海平面未上升 时上溯距离 增大值（km）
50	250	灯笼山站	0	22.8	0	0
			10	23.1	0.3	0.3
			30	23.6	0.5	0.8
			60	24.4	0.8	1.6
90	250	灯笼山站	0	39.0	0	0
			10	39.5	0.5	0.5
			30	40.1	0.6	1.1
			60	41.0	0.9	2.0
97	250	灯笼山站	0	42.1	0	0
			10	42.7	0.6	0.6
			30	44.0	1.3	1.9
			60	45.5	1.5	3.4

依据周文浩(1997)研究,以枯水期高潮为计算时段,标志咸度取 2.0,在海平面上升 0.3 m 的情景下,咸潮上溯距离普遍偏大,崖门水道黄冲站以上咸潮上溯距离增大 1.41 km(现状咸潮上溯位置为黄冲站以上 12 km),虎跳门水道西炮台站以上咸潮上溯距离增大 1.75 km(现状咸潮上溯位置为西炮台站以上 13 km),但磨刀门水道反而退缩(现状咸潮上溯位置为灯笼山站以上 3.8 km),估计可能与口门海区淤积及河口延伸较快而使潮流减弱有关。

引入形态因子,即把河口几何形态作为描述咸潮上溯的主要因子之一,运用 Savenije 模型(涨憩模型)计算咸潮上溯距离。优点是所需资料容易收集,具预报性,即预报在其他条件不变的情况下不同流量时咸潮上溯的距离,预报海平面上升后一定流量条件下咸潮上溯距离的变化。

海平面长时期上升会使波高增大,而风暴潮增水会使海平面短时上升。珠江三角洲沿海风暴潮发生期间,风区增水达 3～6 m,可引起海平面短时上升 1～3 m,从而使推算的设计波高一般偏低 0.3～0.5 m。风暴潮引起的异常潮位以及波浪增大,往往是海岸工程受损的主要原因,若风暴潮适逢天文大潮,咸潮、洪涝等灾害就更严重。因此,考虑风暴潮的短时间海平面上升,加大沿海工程的设计波高就显得更有必要。

5.3　小　结

模拟显示珠江口咸潮上溯对海平面上升的响应规律为:在一定海平面上升幅度情景下,

250 mg/L 的咸潮界线随着上游来水频率的增大,上溯距离显著增大;特定来水频率条件下,随着海平面的上升,咸潮上溯界线向上游方向移动。海平面的上升使河口区枯水期受咸潮影响的地区和人口都会增加,由于珠江三角洲地区经济发达,所以影响巨大。海平面上升影响下的咸潮上溯距离计算结果如下:

(1)在 97% 的上游来水条件下,海平面上升 10 cm、30 cm、60 cm 情景下分别使 250 mg/L 咸度等值线比海平面未上升时上移 1.1 km、3.1 km 和 6.2 km(横门水道),0.6 km、1.9 km 和 3.4 km(磨刀门水道)。

(2)在 90% 的上游来水条件下,海平面上升 10 cm、30 cm、60 cm 情景下分别使 250 mg/L 咸度等值线比海平面未上升时上移 0.9 km、1.9 km 和 3.8 km(横门水道),0.5 km、1.1 km 和 2.0 km(磨刀门水道)。

(3)在 50% 的上游来水条件下,海平面上升 10 cm、30 cm、60 cm 情景下分别使 250 mg/L 咸度等值线比海平面未上升时上移 0.7 km、1.5 km 和 3.2 km(横门水道),0.3 km、0.8 km 和 1.6 km(磨刀门水道)。

建议珠江口地区城市供水和农业灌溉引水按照不同阶段海平面上升的情景及其对应的咸潮界线上溯规律,适时调整供水对策措施,着眼长远,打破行政区界线,全区域一体化地规划保护好珠江口水源地。

第6章 海平面上升对珠江口城市供水的影响

海平面上升对经济发达的珠江口地区的供水安全构成极大威胁,主要问题包括枯季水资源受咸潮影响大、取水口位置不能满足水资源的需求、现有水利工程的调蓄能力差、取水水源受到污染等。以珠海市为例,在通过分析大量翔实数据基础上,分析了珠海市水资源开发利用现状,探讨了海平面上升导致的供水问题,识别了海平面变化对珠海市供水的影响规律。海平面上升对三角洲地区供水的影响已引起一些学者关注,本研究从定性、定量方面做了一定的探索,以期给珠江口地区的供水系统建设提供参考。

6.1 珠海市水资源开发利用现状

本研究重点选取珠海市研究海平面上升对珠江口城市供水的影响,珠海市位于广东省南部,处于 21°48′ ~ 22°27′N、113°03′ ~ 114°19′E。东望香港、深圳,南接澳门,西靠江门,北连中山。市域总面积 7 649 km²,其中陆地总面积 1 514 km²,海岸线长达 690 km。拥有 146 个海岛,珠海市下辖 3 个行政区:香洲、金湾和斗门。全市有海外华侨、港澳台同胞近 35 万人,是广东省著名的侨乡之一。据 2000 年第五次全国人口普查,本市域内人口总数 124.89 万人,城镇人口 109.69 万人,城镇化率 87.8%。

珠海市域内地势由西北向东南倾斜,地貌类型多样,有山地、丘陵、台地、平原和海洋。气候类型属于南亚热带季风气候,多雷雨。年平均气温 22.4 ℃,最低气温 2.5 ℃。多年平均降雨量为 1 770.4 mm,其中 4 ~ 8 月降雨量占全年降雨量的 76%。自然土壤有赤红壤、石质土、滨海沙土、盐渍沼泽土等。风暴潮灾害是珠海市的主要自然灾害之一,市域内的涝灾主要由风暴潮增水顶托导致排水不畅所致。

珠海市经济以工业为主,农业、旅游业、商业贸易综合发展。工业主要包括轻工、电子、医药、机械。农业以种植业和渔业为主。近年来,本市大力发展水产养殖,渔业结构发生根本性改变,淡水和海水养殖已占绝对优势。

珠海经济特区自建立以来,始终走在改革开放的前沿,成为经济增长速度快、外向型程度高、投资环境颇具吸引力的地区之一,并迈入全国城市综合实力 50 强的行列。自改革开放以来,珠海市 GDP 保持着较高的发展速度。1980 年、1985 年、1990 年、1995 年、2000 年、2008 年全市国内生产总值分别为 2.61 亿元、9.81 亿元、41.43 亿元、182.70 亿元、331.43 亿元、992.06 亿元。2008 年全市 GDP 年均增长率为 24.47%,成为广东省经济发展较快的地区之一。其中,第一产业增加值 29.08 亿元,第二产业增加值 542.49 亿元,第三产业增加值 420.49 亿元。第一、二、三产业增加值的比例为 2.9∶54.7∶42.4,三次产业对经济增长的贡献率分别为 0.4%、52.8% 和 46.8%。

珠海市水资源的开发与地域水资源特征及各时期社会经济发展水平密切相关。20 世纪 60 ~ 70 年代,珠海市大力开展水利基本建设,开始筑闸联围,围内整治排灌渠系,西江分流水道沿岸灌区建闸自流引水灌溉;丘陵山区陆续兴建了一批小型水库及山塘,截蓄山间溪流及坡面径流,解决生活用水及农田灌溉。

改革开放以来,随着珠海市社会经济的快速发展,人口激增,国民经济各部门需水量迅速增加。为满足需水要求,相继扩建、新建蓄水工程、外江提水泵站等一系列工程设施,开发利用当地水资源和西江入境径流,市区供水规模逐步扩大,现已建成大镜山、凤凰山等蓄淡调咸水库,平岗、洪湾、广昌等抽水主力泵站,香洲、拱北、唐家湾、西区等主要水厂及输配水管网组成的供水系统,除满足珠海市区用水外,每年向澳门输送原水 5 000 多万 t。此外,有条件的区、镇也相继兴建了以水库为水源的自来水工程,为当地城乡生活和工业生产提供低价优质自来水。为解决下游口门咸潮期的农业灌溉用水,先后建成了幸福河自流引淡工程和五山防咸电力提灌工程,分别自磨刀门、虎跳门取水(见图 6-1)。通过上述措施,一般情况下全市城乡生活和工业用水基本得以满足。

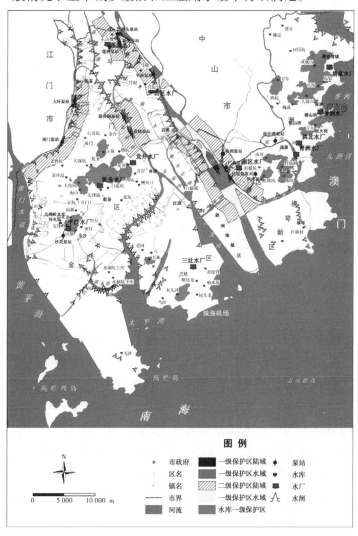

图6-1 珠海市水源保护区、取水口及水厂分布情况

尽管珠海市对水利设施建设投入逐渐增加,但是由于原有基础较薄弱,仍有相当数量的水利工程亟待改造;现有工程体系也不够完善,如排灌设施工况不良、效率低,河道淤积,排水不畅等。

由于珠海市雨量充沛,其水资源量相对比较丰富。根据《珠海市水资源综合规划总报告(2008 年)》的计算结果,珠海市多年平均年降雨量为 2 042 mm,多年平均当地水资源总量约为 17.57 亿 m³,多年平均地表水资源量约为 17.13 亿 m³,多年平均地下水资源总量约为 2.06 亿 m³,多年平均入境水量达到 1 412 亿 m³。

6.2　海平面上升导致的供水问题

珠海市水资源总体上较丰富,在海平面上升的影响下,水资源开发利用中依然存在一些亟待解决的问题。

6.2.1　枯季水资源受咸潮影响大

根据 2005 ~ 2006 年、2006 ~ 2007 年、2007 ~ 2008 年、2008 ~ 2009 年和 2009 ~ 2010 年枯水期水利部珠江水利委员会水文局、中山市水利局和珠海市供水总公司的实测资料统计,澳门、珠海主要取水泵站平岗泵站咸度大于 250 mg/L 的超标总时数分别为 1 582 h、670 h、1 233 h、204 h 和 1 573 h,超标总天数分别为 91 d、46 d、82 d、32 d 和 109 d,连续不可取水天数分别为 9 d、6 d、6 d、0 d 和 8 d,连续不可取水天数反映了咸潮对供水的最大影响强度。所以,枯水期上游来水量减少,造成珠海市磨刀门、鸡啼门和虎跳门水道取水口普遍受到咸潮的影响。海平面上升将增加珠江口咸潮影响的范围和时间,严重威胁珠海市及澳门枯季的供水安全,存在显著的季节性缺水问题。咸潮威胁是近些年珠海市以及对澳供水的最大心腹之患。

6.2.2　取水口位置不能满足水资源的需求

前面模型计算显示,珠江口枯水期不同来水频率下,海平面上升会导致咸潮上溯距离的增加。对珠海市主城区及澳门供水的取水口分布在磨刀门水道联石湾以下河段,距离出海口不到 20 km,枯水期上游流量减少,咸潮上溯覆盖各沿江取水点。20 世纪 90 年代以来,珠海连续发生了 1998 ~ 1999 年、2003 ~ 2004 年、2004 ~ 2005 年、2005 ~ 2006 年、2007 ~ 2008 年和 2009 ~ 2010 年 6 次严重的咸潮。据统计,2009 年 10 月 1 日至 2010 年 2 月 28 日,澳门、珠海供水系统主要取水口联石湾水闸咸度超标天数达 139 d,平岗泵站咸度超标天数为 109 d,主力泵站受持续咸期困扰,长时间不能抽水,靠水库供水不堪重负。

6.2.3　现有水利工程的调蓄能力差

位于珠江出海口的珠海市受海平面上升影响显著,每年冬季上游雨水减少,西江径流量小,磨刀门、鸡啼门和虎跳门等水道受咸潮影响比较大,尤其是在特枯年份,河网水体中咸度偏高,氯化物无法稀释,珠海市正常供水面临严峻挑战。据 2000 年统计,全市水库总库容 11 909 万 m³,控制集雨面积 116 km²,占全市陆域面积比重不到 10%。由于广昌主力泵站持续咸期长,目前珠海主城区 7 个蓄淡调咸水库有效库容 2 932 万 m³,只能供香洲、澳门原水 2 个月左右,难以应对如 1998～1999 年咸期供水,特枯年份更不堪重负。现有的西区水厂没有配套建设调咸水库,咸期平岗泵站无法取水时,该厂只能利用临时泵站抽水,原水水质、水量均不能满足要求,以致水厂咸期不能正常运行。珠海市西区的水厂因缺少水库蓄淡调咸,没有实现河水调库。全市现有水利工程调蓄能力不足,更加剧了珠海枯水季节供水矛盾。

6.2.4　取水水源受到污染

海平面上升后,潮流界将上移,涨潮流也将加强,使污染物既向上游回荡,又不能顺畅排入海洋,从而加剧水质污染,海平面上升又使低潮水位普遍抬高,排水条件恶化,形成局部严重污染区,影响供水水源的水质。洪湾、南沙湾等泵站咸期主要在中珠联围内的前山河、洪湾涌取水。近年来,由于珠海、中山市经济高速发展,前山河受中珠联围内农田灌溉和众多企业污水排放影响,不少指标已超过 IV 类或 V 类,水源污染严重。《广东省水功能区划》(粤水资源〔2007〕6 号)确定其为农用、工业与景观用水,未列为水源保护区,原抽水能力达 80 万 m³/d 的南沙湾主力泵站已失去供水功能,这样更加重了珠海市主城区及澳门咸期的供水压力。

总之,珠海市水资源开发利用中的一些问题还比较突出,未来海平面上升将加剧供水的严峻形势。

6.3　海平面上升等对主要取水点咸情的影响分析

珠江三角洲的磨刀门水道是澳门、珠海的主要供水水源地。梧州、石角分别是西、北江进入珠江三角洲前的径流控制站,二者流量之和通常可作为磨刀门水道压咸动力大小的主要表征参数。在 2006～2010 年枯水期中,偏枯年份咸潮影响严重,珠江防总分别于 2006 年 1 月下旬实施压咸补淡应急调水,2006～2007 年枯水期实施珠江骨干水库水量调度,2007～2008 年、2009～2010 年枯水期实施珠江水量统一调度。

表 6-1 为 2005～2010 年 5 个枯水期磨刀门水道各取水点咸情对比情况。由于枯季上游来水偏少、冷空气、海平面变化等因素的影响,偏枯年份咸潮影响严重。近几个枯水期,磨刀门水道大涌口水闸、灯笼山水闸、联石湾水闸、马角水闸、南镇水厂和平岗泵站超标时数、超标天数和连续超标天数均较多,对沿海城市供水造成较大影响,取水口位置见图 4-2。其中,平岗泵站作为珠海市供水的主力泵站,自 1998 年以来,枯水期超标天数和时数有明显增长趋势,这亦与该时段枯水期上游来水减少有关。

表 6-1 近 5 个枯水期磨刀门水道各取水点咸情统计

枯水期年份	项目	大涌口水闸	灯笼山水闸	联石湾水闸	马角水闸	南镇水厂	平岗泵站	全禄水厂	稳益水厂
2009～2010年	超标时数(h)	3 276	3 152	2 957	2 724	1 832	1 573	532	106
	超标天数(d)	150	142	139	137	96	109	48	13
	最大连续不可取水天数(d)	53	51	36	21	9	8	5	0
2008～2009年	超标时数(h)	1 594	1 474	1 197	1 044	151	204	0	0
	超标天数(d)	97	88	69	63	11	32	0	0
	最大连续不可取水天数(d)	20	12	8	6	1	0	0	0
2007～2008年	超标时数(h)	3 056	2 888	2 601	2 311	1 322	1 233	460	71
	超标天数(d)	145	142	140	132	65	82	44	12
	最大连续不可取水天数(d)	23	23	22	12	9	6	4	0
2006～2007年	超标时数(h)	2 431	2 255	1 808	1 615	811	670	215	13
	超标天数(d)	148	143	119	106	48	46	24	3
	最大连续不可取水天数(d)	25	17	15	11	7	6	2	0
2005～2006年	超标时数(h)	3 126	2 975	2 674	2 498	1 682	1 582	532	113
	超标天数(d)	149	146	137	123	86	91	47	11
	最大连续不可取水天数(d)	100	58	41	39	12	9	4	0

注:统计时间段为 10 月 1 日至次年 2 月 28 日。

从表 6-2、图 6-2 和图 6-3 可以看出,2009～2010 年枯水期磨刀门水道的咸界上溯距离最远,其中平均最小咸界位置在马角水闸与竹排沙之间,平均最大咸界在平岗泵站与竹银咸情站之间。与压咸流量比较接近的 2005～2006 年枯水期相比,其平均最小咸界位置比较接近,但平均最大咸界较 2005～2006 年枯水期上移约 10 km,同一时期,10 月以后,磨刀门水道最大咸界线上溯距离较远。其中,涨潮时最大咸界基本在竹银以上,落潮时最大咸界退至竹排沙—南镇水厂附近,最大咸界最远上溯至稳益水厂以上,而最小咸界线最远上溯至全禄水厂以上。供水深受强咸潮的影响,2009 年 10 月至 2010 年 2 月,每个潮周期都进行珠江流域水库联合调度,积极实施补水压咸措施才解决了珠海、澳门等地的枯季供水问题。如果未来海平面持续上升,同样来水频率条件下,咸潮上溯将会更加深远,咸潮影响更加强烈。因此,珠江口供水系统的规划建设要考虑未来海平面上升对供水的影响。

表 6-2 磨刀门水道平均最小和最大咸界位置统计结果

枯水期年份	平均最小咸界位置	平均最大咸界位置
2005～2006年	马角水闸—神湾大桥	南镇水厂—平岗泵站
2006～2007年	灯笼山水闸—联石湾水闸	马角水闸—南镇水厂
2007～2008年	联石湾水闸—马角水闸	南镇水厂—平岗泵站
2008～2009年	大涌口水闸—灯笼山水闸	联石湾水闸—马角水闸
2009～2010年	马角水闸—竹排沙	平岗泵站—竹银

注:统计时段为 10 月 1 日至次年 2 月 28 日。

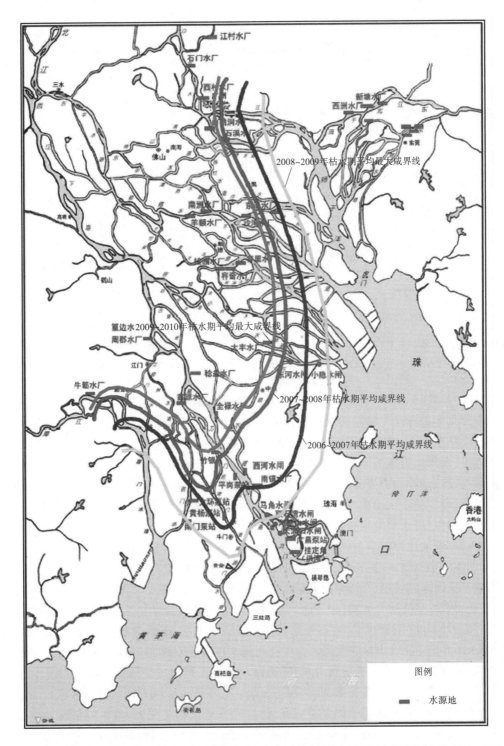

注:2005～2006 年枯水期与 2007～2008 年枯水期基本重合,图中距离沿海由近到远 4 条界线分别为 2008～2009 年、2006～2007 年、2007～2008 年、2009～2010 年枯水期平均咸界线

图 6-2　2005～2010 年 5 个枯水期珠江三角洲平均咸界线

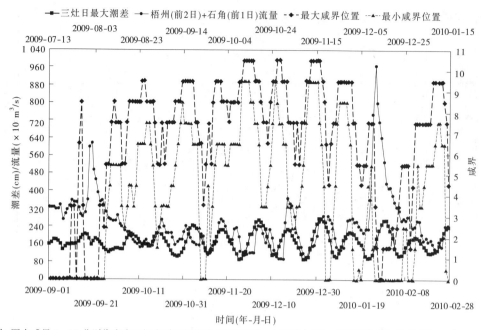

注:图中咸界 1～10 分别代表磨刀门水道不同取水点位置,其中 1 代表大涌口水闸,2 代表灯笼山水闸,3 代表联石湾水闸,4 代表马角水闸,5 代表竹排沙,6 代表南镇水厂,7 代表平岗泵站,8 代表竹银,9 代表全禄水厂,10 代表稔益水厂

图 6-3　2009～2010 年枯水期磨刀门水道压咸流量、潮差、咸界位置过程线

潮汐是驱动珠江三角洲河口咸潮的主要动力因素,一般情况下潮汐愈强咸潮愈强。在同一个枯水期中,各个潮周期的潮汐强度差异是咸潮强度差异的重要原因。当西北江来水较少,潮汐动力成为咸潮活动的主导因素,咸潮活动规律与潮汐变化规律一致。咸潮强度除与反映潮汐动力强弱的最大潮差有关外,还与最小潮位有关。最小潮位高,咸潮上溯距离远,河口的咸水团在河道内起顶托作用,使上游的淡水团难以下泄;最小潮位低,咸潮上溯距离短,咸水团的顶托作用弱,则上游的淡水团可下泄至磨刀门水道。

本研究选取珠海市主力供水泵站平岗泵站 2009 年 10 月 1 日至 2010 年 1 月 25 日共 117 d 的实测数据进行分析,平岗泵站的咸情指标及影响因素如表 6-3 所示。平岗泵站抽原水量与平岗泵站咸度、平岗泵站超标时数呈高度负相关关系,与(梧州前 2 日 + 石角前 1 日)流量呈高度负相关关系,显著性水平都为 0.01,平岗泵站抽原水量与三灶潮位(海平面)和最小潮位呈高度负相关关系,并且与最小潮位的显著性水平都为 0.05,由图 6-3～图 6-5 亦能看出这些关系。为了探讨海平面变化对珠海市供水的影响,选取了三灶验潮站的潮位作为海平面进行分析,平岗泵站抽原水量与三灶潮位(海平面)呈负相关关系,与三灶潮差呈正相关关系,相关性不显著。选取香港横澜岛风级分析珠江口风级对供水的影响,珠江口风级与平岗泵站咸度、超标时数呈正相关关系,与平岗泵站抽原水量呈负相关关系。国内外研究表明,海平面上升是长期的积累过程,对于几十年等长期尺度变化,海平面的上升会使最大、最小潮位升高,潮差增大,使涨潮流增强,导致大量海水涌入三角洲网河区,可以预料枯水期相同来水频率条件下,咸潮影响的时间和范围将会超过目前的程度。

表 6-3　平岗泵站咸情指标及影响因素的相关系数

	平岗泵站咸度	平岗泵站超标时数	平岗泵站抽原水	流量	三灶潮位	三灶最小潮位	三灶潮差	横澜岛风级
平岗泵站咸度	1.000							
平岗泵站超标时数	0.780 **	1.000						
平岗泵站抽原水	−0.783 **	−0.976 **	1.000					
流量	−0.380 **	−0.403 **	0.341 **	1.000				
三灶潮位	0.006	0.130	−0.113	−0.182 *	1.000			
三灶最小潮位	−0.062	0.165	−0.190 *	−0.256 **	0.568 **	1.000		
三灶潮差	0.158	−0.065	0.093	0.178	−0.037	−0.812 **	1.000	
横澜岛风级	0.189 *	0.143	−0.186 *	0.029	0.033	−0.172	0.273 **	1.000

注: ** 显著性水平为 0.01; * 显著性水平为 0.05。由于水流运动有一过程,水流从梧州到河口约需 2 日,从石角到河口约需 1 日,所以影响平岗泵站的流量取"梧州前 2 日 + 石角前 1 日"流量。

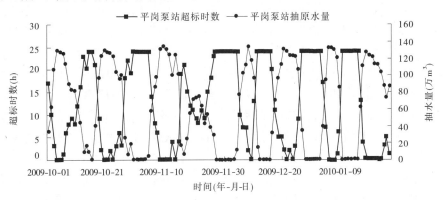

图 6-4　平岗泵站超标时数与抽原水量过程

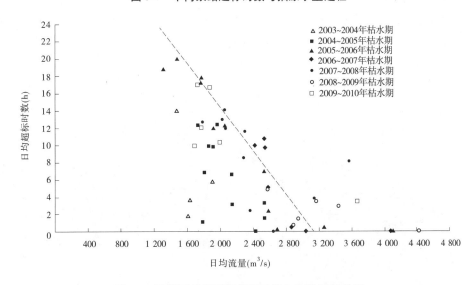

图 6-5　平岗泵站潮周期超标时数与平均流量关系

相关分析显示,枯水期流量是影响平岗泵站咸度、超标时数和供水的最主要因素;其次是潮汐的影响,最小潮位的影响大于潮差的影响,海平面上升和风的影响较小,但是,在大时间尺度下,海平面上升的影响作用会进一步增大。为了确保珠海市枯水期的供水安全,流量和潮差对于枯水期的水量科学调度具有重要的参考意义。2008年中国海平面公报显示,未来30年广东海平面将比2008年升高78~150 mm,从长期供水安全的角度看,海平面上升对珠海市供水安全的影响也应加强重视。由于观测数据不足,咸潮活动机制复杂,海平面上升对珠江口枯水期主要取水点的超标时间的影响还很难定量分析,有待于进一步深入研究。

咸潮的强度随潮汐动力的变化而变化。在珠江口枯水期,潮汐动力一般在11月中下旬到次年2月中上旬之间明显强于其他时段,这个时段内强潮周期最大日潮差一般都大于240 cm,潮汐动力的峰值一般出现在12月中下旬至次年1月中上旬,这与咸潮强度在整个枯水期的变化趋势一致。

半月潮周期内,咸潮强度变化的时间周期与海平面的变化一致,但并不同步。在潮汐由小潮转大潮期间,咸潮逐渐增强,在潮汐由大潮转小潮期间,咸潮逐渐减弱,二者相位差在2~3 d,咸潮变化提前于潮差变化,如图6-6所示。2009年9~12月联石湾水闸和平岗泵站的咸度(氯化物含量)变化均提前于潮差变化,这与珠江三角洲网河区独特的水动力结构有关。在一个潮周期中,不同的取水口咸度对流量的敏感时段也不尽相同,平岗泵站对流量的敏感时段一般从最大潮差出现后的第2天开始,持续8 d左右,其中最敏感的时段为头尾各2~3 d,因此可以采用马鞍型的流量过程压咸;联石湾水闸对流量的敏感时段一般从最大潮差出现后的第3天开始,持续5 d左右,且对于不利气象条件更为敏感。

日周期内,珠江三角洲河口潮汐类型属不规则半日混合潮,潮强度变化的时间周期与潮汐动力的变化一致,但同样不同步。二者相位差在1~2 h,咸潮变化落后于潮汐变化(前已详述),其原因可能是各口门水道较顺直,潮波依然具有前进波特征,即转流时间发生在高潮位之后。咸度与潮位变化虽然不同步,但具有一致性,也进一步说明在日周期内,海平面的日变化对咸潮的影响较明显(见图6-7、图6-8),一般枯水期日潮差降低(大潮转小潮)的低潮转高潮时期(逐时海平面上升时期)是最佳取水时机,逐时海平面的变化对供水也有明显的影响作用。

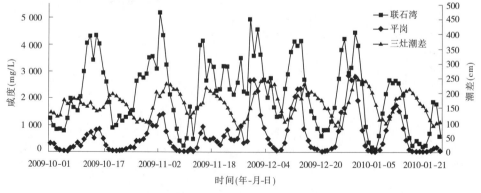

图6-6　取水点咸度与潮差变化过程

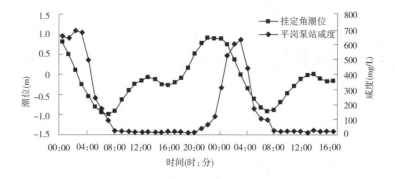

图 6-7　平岗泵站咸度与挂定角潮位变化

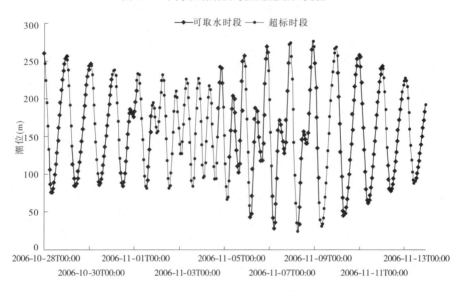

图 6-8　联石湾水闸 2006 年第一次补水分析

6.4　小　结

　　综上所述,枯季上游来水偏少导致流量减少,削弱了压咸动力;而海平面上升等因素则使潮汐作用范围和强度加大,加剧了咸潮上溯的影响。以平岗站为代表,磨刀门水道取水口偏枯年份咸潮影响严重,超标时数、超标天数和连续超标天数均较多,对珠海市供水造成较大影响。流域近期降雨量较常年减少 2 成左右,西、北江天然来水出现枯水年(来水频率 $P = 80\%$ 左右)的可能性较大,同时骨干水库蓄水量近年来逐渐减少,使得上游来水变少,加之未来海平面上升,将使珠江三角洲河网水系尤其是枯水期面临咸潮上溯加剧的严峻形势,对珠海市及至整个三角洲地区供水安全构成严重威胁,珠江口地区水源主要依赖入境水,且供水工程尚未完善,急需加强适当的防范措施与对策。

第7章　珠江口潮水位对海平面上升的响应

海平面上升会加重珠江口咸潮灾害,咸潮与潮水位关系密切,并且水位对于珠江口排污、供水安全等有直接影响,水位变化及其影响直接制约着该地区的经济发展。为了全面分析珠江口水资源对海平面上升的响应规律,应进一步深入研究珠江口潮水位对海平面上升的响应,目前海平面上升对河口地区水位的影响也是国内外众多学者研究的热点问题。本章在总结珠江口水位变化的基础上,利用统计分析法、灰色系统理论、主成分分析法、层次聚类分析法等,通过数学理论对海平面上升对珠江三角洲潮水位的影响做了定量研究,计算出海平面上升对珠江口代表站年平均潮水位的贡献率,并对珠江口地区不同代表水位站进行聚类分析,进一步揭示了珠江口地区代表站的年平均水位、年最低水位及年最高水位对海平面上升的响应规律。掌握珠江口水位对海平面上升的响应规律,对于珠江口地区的防灾减灾和水资源的合理开发利用具有重要的理论和实践意义。

7.1　珠江口潮水位的演变规律识别

由于受自然、人类活动等多种因素造成的珠江口地形、地貌条件、气象条件及海平面变化的影响,珠江口河道间水文特性发生了较大的改变。本节利用变差系数、Spearman秩相关系数、年内分配不均匀系数、集中度和集中期等重点分析了珠江口潮水位的年代变化及年内变化规律。

7.1.1　研究方法

7.1.1.1　变差系数

在水文统计中,变差系数C_v是一个重要参数,用来说明水文变量长期变化的稳定程度。C_v值大说明变量变化剧烈,否则变化平缓稳定。其公式为

$$C_v = \sqrt{\frac{1}{n-1} \sum (x_i - \bar{x})^2} \Big/ \bar{x} \tag{7-1}$$

式中　x_i——年水位;

　　　$\bar{x}$——多年平均水位;

　　　n——年数。

年径流量的C_v值反映年水位总体系列的离散程度,C_v值大,水位的年际变化剧烈,对于水资源的利用不利,并且易发生洪涝灾害;C_v值小,水位的年际变化小,有利于水资源的利用。

7.1.1.2　Spearman秩相关系数

为了研究潮水位的年际变化规律,本研究采用Spearman秩相关系数法。Spearman秩相关系数是一种等级相关系数,由于在它的应用中无须考虑有关变量的分布类型,事实上

比所熟知的 Pearson 相关系数适用范围更广。

Spearman 秩相关系数法计算步骤如下：

$$D = 1 - \frac{6 \sum_{i=1}^{n} \left[R(x_i) - i \right]^2}{n(n^2 - 1)} \qquad (7\text{-}2)$$

$$Z_{sp} = D / \sqrt{1/(n-1)} \qquad (7\text{-}3)$$

式中　n——数据样本总数；

　　　$R(x_i)$——数据 x_i 在时间序列中的排序（秩）；

　　　Z_{sp}——Spearman 检验统计量，随 n 的增加收敛于标准正态分布。

如果数据 x_i 按升序排列，则 $Z_{sp} > 0$，表示序列有上升趋势；$Z_{sp} < 0$，表明序列有下降趋势；$Z_{sp} = 0$，表明序列没有变化趋势；如果数据 x_i 按降序排列，则相反。$|Z_{sp}| \leqslant Z_{\alpha/2}$，则接受零假设，即趋势不显著；否则趋势显著。显著性概率水平 α 对应的临界值 $Z_{\alpha/2}$ 可查《标准正态分布函数数值表》得到，$Z_{0.05/2} = 1.96$。

7.1.2　珠江口潮水位的年际变化规律识别

年平均水位、年最高水位及年最低水位是决定水利工程安全可靠的保证之一，研究珠江三角洲河口区水位演变特征具有重要意义。珠江水经虎门等八大口门注入南海，为了分析海平面上升对河口区水位的影响，本研究收集了珠江三角洲三水站、马口站、澜石站等 14 个主要代表水文（水位）站的实测水文数据，各个站点具体分布如图 7-1 所示。表 7-1 和图 7-2 反映了所选代表站 1971～2004 年年平均水位、年最高水位及年最低水位变化趋势。图表显示，不同的代表站年平均水位、年最高水位及年最低水位变化趋势不同，有上升的同时也有下降的特点，并且变化幅度也有较大差异。马口站和三水站年平均水位、年最高水位及年最低水位都有显著下降趋势，并且幅度较大；板沙尾站、竹银站、横山站年平均水位、年最高水位及年最低水位也呈下降趋势，幅度小于马口站和三水站；大横琴站、三灶站、横门站、黄金站、白蕉站年平均水位、年最高水位及年最低水位都呈上升趋势，上升幅度略有差异；澜石站、小榄（二）站年平均水位、年最高水位呈下降趋势，而年最低水位呈上升趋势；马鞍站年平均水位呈下降趋势，年最高水位及年最低水位呈上升趋势；灯笼山站年平均水位、年最高水位呈上升趋势，而年最低水位呈下降趋势。珠江三角洲网河区水位受径流、海平面变化、河道地形等自然和人为因素的耦合作用，具有模糊性、不确定性、复杂性等特征。

表 7-2 为代表站 1971～2004 年年平均水位的变差系数和 Spearman 秩相关系数。由变差系数可以看出，大横琴站、白蕉站、三灶站、黄金站和灯笼山站的年平均水位总体系列的离散程度非常大，年际变化剧烈，马口站、三水站、澜石站、板沙尾站、竹银站、小榄站和横门站系的离散程度较大，变差系数越大对于水资源的利用越不利，并且易发生洪涝灾害；马鞍站和横山站变差系数较小，说明水位的年际变化小，有利于资源的利用。Spearman 秩相关系数显示，马口站、三水站、竹银站和横山站具有显著的下降趋势，通过了 95% 的显著性检验；马鞍站、澜石站、板沙尾站和小榄站具有较明显的下降趋势，但是没有满足 95% 的显著性检验；三灶站、黄金站、大横琴站和横门站具有显著的上升趋势，

通过了95%的显著性检验,其中三灶站受径流影响小,主要受潮汐作用,三灶站潮位的变化能很好地反映珠江口海平面的变化特征,所以珠江口海平面也就有显著的上升趋势;白焦站和灯笼山站具有较明显的上升趋势,但是没有满足95%的显著性检验。

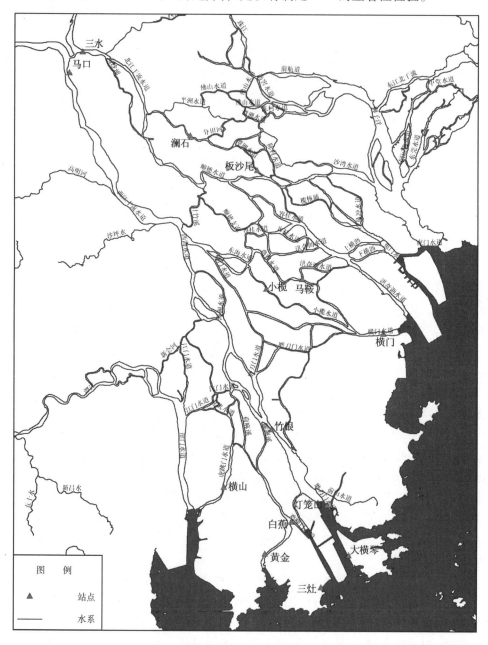

图7-1　珠江口主要水文(水位)站分布

表 7-1 珠江口代表站水位年变化幅度　　　　　　　　　　（单位：mm/a）

站名	河名	入流处	年平均水位	年最高水位	年最低水位
马口	西江	磨刀门	-29.5	-39.4	-12.9
三水	北江	洪奇沥	-36.3	-47.4	-15.7
澜石	潭州水道	—	-4.5	-23.6	3.1
板沙尾	洪奇沥	珠江口	-2.0	-3.7	-7.4
小榄(二)	小榄水道	横门	-2.0	-2.9	0.5
马鞍	鸡鸦水道	横门	-1.7	4.2	3.6
横门	横门水道	横门	3.2	2.7	3.2
竹银	西江	磨刀门	-5.0	-1.9	-3.9
灯笼山	磨刀门水道	磨刀门	0.1	3.3	-1.8
大横琴	磨刀门	磨刀门	5.3	11.9	7.4
三灶	三灶岛	南海	1.2	6.7	2.5
横山	虎跳门水道	虎跳门	-2.2	-1.0	-2.4
白蕉	坭湾门水道	鸡啼门	0.8	4.1	2.9
黄金	鸡啼门水道	鸡啼门	2.1	4.6	7.7

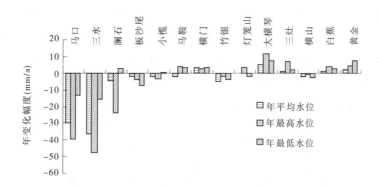

图 7-2 代表站水位年变化幅度

表 7-2 珠江口代表站年平均水位演变指标值

站名	马口	三水	三灶	黄金	大横琴	马鞍	澜石
变差系数	0.26	0.27	0.47	0.41	0.66	0.14	0.22
Spearman 秩相关系数	-3.73	-3.75	2.46	3.08	4.66	-0.91	-1.43
站名	板沙尾	竹银	小榄	白蕉	横山	横门	灯笼山
变差系数	0.26	0.27	0.23	0.54	0.01	0.30	0.44
Spearman 秩相关系数	-1.09	-3.33	-1.10	1.81	-2.49	3.70	1.07

7.1.3 珠江口潮水位的年内变化规律识别

为了识别珠江口潮水位的年内变化规律,重点选取马口站、澜石站、横门站、灯笼山站和三灶站作为代表站进行研究,对比分析了珠江口代表站水位年内分配不均匀系数和集中程度,并采用 Spearman 秩相关系数法对水位年内分配不均匀系数和集中程度系列进行了趋势检验。

C_u 表示水位年内分配不均匀系数,C_r 表示水位年内分配完全调节系数,C_r 值越大,表示年内各月水位量相差悬殊,水位年内分配越不均匀,C_r 值越大表示年内分配越集中;C_n 表示水位量年内分配集中的程度,D 值表示集中期出现的月份,1 月取 15°,2 月取 45°,依次按 30° 累加。

由表 7-3 和图 7-3 可以看出珠江口潮水位的年内变化在不同年代存在明显差异。位于珠江口深处的马口站和澜石站水位年内分配不均匀系数和集中度最大,近口门处的横门站、灯笼山站和三灶站水位年内分配不均匀系数和集中度较小;马口站和澜石站水位集中期最小,主要在 7 月,横门站和灯笼山站较大,分别在 8 月和 9 月,三灶站最大,主要在 10 月,说明年内水位集中期由珠江口深处向河口处有后推(或增加)趋势。

表 7-3　珠江口代表站水位不同年代年内变化指标值

年代	马口站			澜石站			横门站			灯笼山站			三灶站		
	C_u	C_n	$D(°)$	C_u	C_n	$D(°)$	C_u	C_n	$D(°)$	C_u	C_n	$D(°)$	C_u	C_n	$D(°)$
1973~1979 年	0.83	0.51	206	0.94	0.53	205	0.47	0.29	225	0.45	0.27	243	0.52	0.29	295
1980~1989 年	0.72	0.44	203	0.71	0.41	207	0.34	0.19	239	0.38	0.21	242	0.45	0.21	297
1990~1999 年	0.87	0.54	206	0.78	0.47	210	0.37	0.23	234	0.41	0.25	240	0.46	0.25	295
2000~2004 年	0.88	0.52	205	0.71	0.43	211	0.31	0.20	237	0.37	0.23	249	0.37	0.21	295
多年平均	0.81	0.50	205	0.78	0.46	208	0.37	0.23	234	0.40	0.24	242	0.45	0.24	295

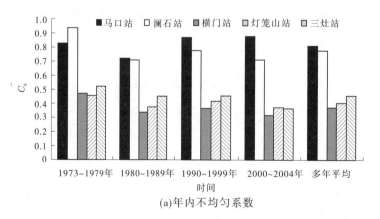

(a)年内不均匀系数

图 7-3　珠江口代表站水位不同年代年内变化指标值对比

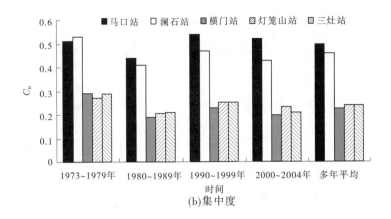

(b)集中度

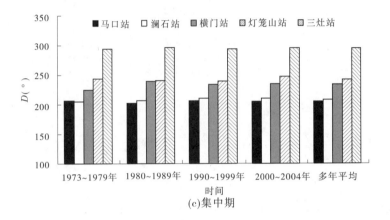

(c)集中期

续图 7-3

图 7-4 和图 7-5 能直观反映珠江口水位年内分配特征随时间的变化趋势:马口站年内分配不均匀系数和集中度呈上升趋势;澜石站、横门站、灯笼山站和三灶站水位年内分配不均匀系数和集中度的时序变化相似,均有下降趋势;所选代表站的集中期都随时间呈波动上升趋势,马口站和澜石站集中期主要在 7 月、8 月波动,横门站和灯笼山站集中期主要在 8 月、9 月波动,而三灶站集中期主要在 10 月、11 月波动。

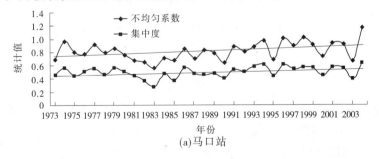

(a)马口站

图 7-4　代表站水位年内变化指标及其趋势

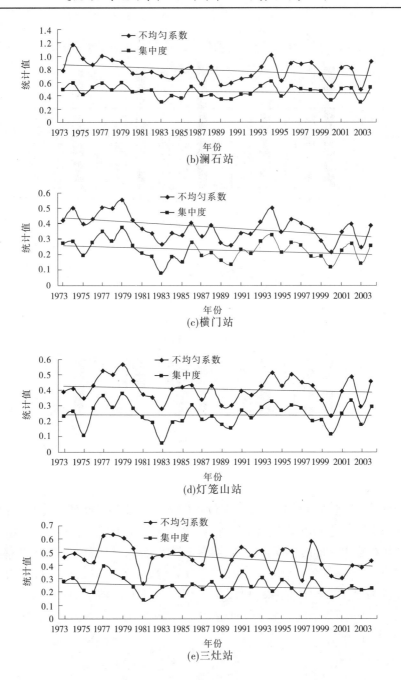

(b)澜石站

(c)横门站

(d)灯笼山站

(e)三灶站

续图7-4

  为了量化分析各站指标的变化趋势,采用Spearman秩相关分析法分析珠江口各站水位年内变化指标序列(结果见表7-4),数据显示,马口站年内分配不均匀系数和集中度系列的Spearman检验统计量为正,水位年内分配不均匀程度存在较显著的上升趋势;澜石站、横门站、灯笼山站和三灶站水位年内分配不均匀系数和集中度系列的Spearman检验统计量都为负,水位年内分配不均匀程度均有下降趋势,其中横门站和三灶站年内分配不

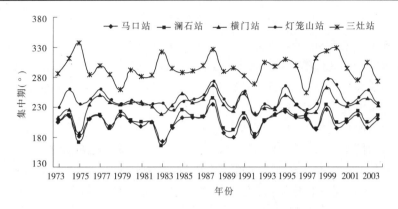

图 7-5　代表站水位集中期变化趋势

均匀系数系列的 Spearman 检验统计量的绝对值均大于 1.96,通过了 0.05 显著性水平检验,说明近海口门处潮水位年内分配不均匀程度均有显著下降趋势;所选代表站的年内水位集中期都具有不显著的上升趋势,说明时间上是后推趋势。

表 7-4　年内分配不均匀系数 C_u、集中度 C_n 和集中期 D 的 Spearman 检验统计量

站名	马口站	澜石站	横门站	灯笼山站	三灶站
$Z_{sp}(C_u)$	1.83	-1.55	-2.4	-0.46	-2.09
$Z_{sp}(C_n)$	1.57	-0.83	-1.55	-0.86	-1.24
$Z_{sp}(D)$	0.43	0.99	0.97	0.6	0.27

　　利用珠江口代表水文站年的实测资料计算了水位年内变化不均匀性、集中程度等指标,研究了水位年内变化规律。结果表明:

　　(1)珠江口潮水位的年内变化在不同年代存在明显的时空差异。马口站在 20 世纪 70 年代和 90 年代以来水位的年内变化大于 80 年代,其他站 20 世纪 80 年代以来趋于均匀;珠江口水位年内变化不均匀系数和集中度由珠江口深处向近河口处有减小趋势;年内水位集中期由珠江口深处向河口处有后推(或增加)趋势。

　　(2)珠江口水位年内变化特征具有较明显的变化趋势。珠江口深处的马口站年内变化不均匀系数和集中度呈上升趋势,其他站水位年内变化不均匀系数和集中度均有下降趋势,其中近海口门处横门站和三灶站的潮水位年内变化不均匀程度均有显著下降趋势;代表站的集中期都随时间呈波动上升趋势,说明时间上是后推趋势。

7.2　珠江口潮水位对海平面上升的响应

　　受相互作用、相互制约的多种因素的共同影响,珠江口地区的水位变化非常复杂。珠江口水位变化的主要影响因素包括河道径流、潮汐作用、海平面上升、河道水下地形变化等。国内外不少专家学者均研究和探讨过珠江口水位的影响因素,但是海平面上升对水位的影响方面的研究还较少。水位变化及其影响直接制约着珠江口地区水资源的开发利用,三角洲河口区的水位变化和海平面变化问题已经引起众多学者的关注。由各要素组成的水文系统是一个有机整体,因为各自然、人文影响因素具有多样性、变异性和复杂性,同时人类对水位特征规律的认识是有限的,客观上还存在着诸多不确定性、不精确性,这些特征既具有模糊特征,也具有灰色特征。运用灰色关联法、主成分分析法、层次聚类分析法等方法定量研究了珠江口水位对海平面上升的响应规律。

西江干流出海口是磨刀门,珠江入海径流总量的 28.3% 由磨刀门入海,为八大口门之首。选取磨刀门水道的灯笼山站(22°14′N, 113°24′E)为代表站,定量计算了海平面上升对珠江口水位的贡献率。从图 7-6 可以看出,灯笼山站 1971～2004 年的年最高水位、年平均水位都有明显的上升趋势,其中年最高水位比年平均水位上升幅度大,为 3.3 mm/a;年最低水位有下降趋势,幅度为 1.8 mm/a。

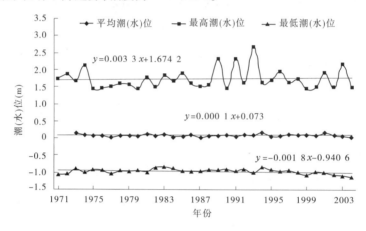

图 7-6　灯笼山站水位变化过程

图 7-7 显示,灯笼山站年平均水位、年最高水位及年最低水位在不同的年代都有不同的变化,其中,年平均水位在 20 世纪 70 年代和 80 年代变化不大,均值为 0.07 m,然后呈升高趋势,年平均水位最高的是 20 世纪 90 年代,均值为 0.09 m;年最高水位有上升趋势,在 20 世纪 90 年代较高,为 1.82 m;年最低水位有较明显的降低趋势,特别是进入 21 世纪以来,降低幅度明显增大。表 7-5 显示,年最高水位在 20 世纪 80 年代和 21 世纪呈上升趋势,其他年代均呈下降趋势,其中 20 世纪 70 年代下降趋势最大,平均每年下降 41.7 mm;20 世纪 90 年代年平均水位呈上升趋势,其他年代为下降趋势,在 2000～2004 年下降幅度最大,下降速率为 19 mm/a;在 20 世纪 70 年代年最低水位为上升趋势,其他年代下降趋势明显,特别是 2000～2004 年下降速率最大,达到 -39 mm/a。

表 7-5　灯笼山站不同年代水位变化幅度　　　　　　　　(单位:mm/a)

年代	1971～1979 年	1980～1989 年	1990～1999 年	2000～2004 年
年最高水位	-41.7	36.2	-39.2	22.0
年平均水位	-10.7	-3.3	1.2	-19.0
年最低水位	6.8	-2.2	-13.6	-39.0

注:“-”为降低。

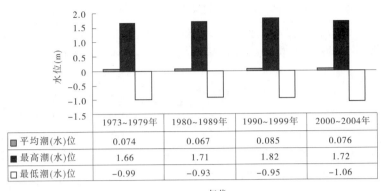

	1973~1979年	1980~1989年	1990~1999年	2000~2004年
■ 平均潮(水)位	0.074	0.067	0.085	0.076
■ 最高潮(水)位	1.66	1.71	1.82	1.72
□ 最低潮(水)位	−0.99	−0.93	−0.95	−1.06

年代

图 7-7　灯笼山站不同年代水位变化

7.2.1　基于灰色关联法的主要影响因素的识别

7.2.1.1　参考系列与比较系列的确定

灯笼山站参考系列,即做比较的"母系列"选年平均水位,记作 X_0。参考系列可以表示为: $X_0(K) = \{X_0(1), X_0(2), \cdots, X_0(n)\}$ $(K = 1, 2, \cdots, n)$。选择了 8 个指标为比较系列:①马口站年平均流量;②(马 + 三)流量,也就是马口站加三水站流量;③闸坡站海平面;④灯笼山站年最高水位;⑤灯笼山站年最低水位;⑥灯笼山站平均高潮位;⑦灯笼山站平均低潮位;⑧灯笼山站年平均潮差。比较系列可以表示为:

$$X_1(K) = \{X_1(1), X_1(2), \cdots, X_1(n)\} \qquad (K = 1, 2, \cdots, n)$$
$$\vdots$$
$$X_i(K) = \{X_i(1), X_i(2), \cdots, X_i(n)\}$$

7.2.1.2　原始数据预处理

在分析海平面上升对灯笼山站年平均水位变化的贡献率时,因为各指标值的量纲不同,数量级具有差异性,有时数据可能会成反比例,先对原始数据进行预处理,增加各指标之间的可比性。本研究采用均值化处理进行无量纲化,即同一系列的数据皆除以系列的平均值所得到一个新系列。这个新的系列就是各个时刻的数值对于该系列平均值的倍数系列,见表 7-6。

表 7-6　灯笼山站年平均水位的参数系列与比较系列均值化表

年份	灯笼山站年平均水位 X_0	马口站年平均流量 X_1	(马 + 三)流量 X_2	闸坡站海平面 X_3	灯笼山站年最高水位 X_4	灯笼山站年最低水位 X_5	灯笼山站平均高潮位 X_6	灯笼山站平均低潮位 X_7	灯笼山站平均潮差 X_8
1975 年	0.86	1.03	0.99	0.99	0.95	0.97	1.02	1.06	1.04
1976 年	1.00	1.08	1.05	1.00	0.99	0.96	0.65	1.53	1.04
1977 年	0.29	1.00	0.97	0.97	0.95	1.03	0.94	1.17	1.04
1978 年	1.00	1.06	1.03	1.00	1.01	0.97	0.96	1.06	0.99

续表 7-6

年份	灯笼山站年平均水位 X_0	马口站年平均流量 X_1	（马 + 三）流量 X_2	闸坡站海平面 X_3	灯笼山站年最高水位 X_4	灯笼山站年最低水位 X_5	灯笼山站平均高潮位 X_6	灯笼山站平均低潮位 X_7	灯笼山站平均潮差 X_8
1979 年	1.00	1.17	1.15	0.98	0.95	0.90	0.98	0.94	0.96
1980 年	0.86	0.96	0.92	0.99	0.95	0.96	1.00	0.97	0.99
1981 年	1.71	1.11	1.07	1.00	1.00	0.90	1.08	0.83	0.98
1982 年	0.86	1.08	1.04	0.97	0.95	0.90	0.96	0.92	0.95
1983 年	1.43	1.28	1.25	0.98	1.06	0.88	1.02	0.81	0.93
1984 年	0.57	0.93	0.88	0.99	1.02	0.96	0.98	1.00	1.00
1985 年	0.71	1.01	0.97	1.00	0.99	0.93	0.94	0.97	0.95
1986 年	1.14	0.97	0.96	1.00	1.04	0.99	1.02	0.94	0.99
1987 年	0.43	0.85	0.82	0.98	1.03	1.01	0.92	1.08	0.99
1988 年	1.00	0.79	0.77	1.00	1.01	1.03	1.00	1.00	1.00
1989 年	0.86	0.67	0.65	1.01	1.04	1.03	1.00	1.04	1.02
1990 年	1.14	0.93	0.91	0.99	1.02	0.94	1.00	0.95	0.98
1991 年	0.71	0.72	0.71	1.00	1.06	1.03	0.95	1.06	1.00
1992 年	1.14	1.28	1.22	1.00	1.00	0.94	1.01	0.92	0.97
1993 年	1.29	1.02	1.07	0.98	1.12	0.94	0.99	0.88	0.94
1994 年	2.29	1.33	1.41	1.01	0.99	0.82	1.10	0.67	0.91
1995 年	0.71	0.96	1.02	1.00	1.01	1.00	0.95	1.04	0.99
1996 年	1.00	0.96	1.07	1.01	1.02	0.99	1.02	0.99	1.01
1997 年	1.57	1.21	1.34	1.01	0.97	0.97	1.08	0.92	1.01
1998 年	1.14	1.11	1.20	1.00	0.94	1.01	1.04	1.01	1.03
1999 年	1.14	0.93	0.88	1.02	0.92	1.17	1.09	1.09	1.09
2000 年	1.00	0.87	0.85	1.03	0.97	1.15	1.06	1.10	1.08
2001 年	2.14	1.09	1.10	1.04	1.07	1.04	1.16	0.83	1.02
2002 年	1.14	1.07	1.16	1.00	0.94	1.08	1.00	1.00	1.00
2003 年	0.86	0.81	0.87	1.01	1.04	1.15	1.00	1.12	1.05
2004 年	0.29	0.70	0.64	1.00	0.96	1.31	0.94	1.29	1.09

7.2.1.3 关联系数的计算

对于有若干个比较系列 X_1，X_2，$\cdots$，X_i 的一个参考系列 X_0，各比较系列（比较曲线）与参考系列（参数曲线）在各个时刻（曲线的各点）的差就是关联分析，可以用式（7-4）表示：

$$\zeta_{0i}(K) = \frac{\overset{\min}{i}\overset{\min}{K}|X_0(K) - X_i(K)| + \eta \cdot \overset{\max}{i}\overset{\max}{K}|X_0(K) - X_i(K)|}{|X_0(K) - X_i(K)| + \eta \cdot \overset{\max}{i}\overset{\max}{K}|X_0(K) - X_i(K)|} \qquad (7-4)$$

在式(7-7)中,参考系列 X_0 与第 K 个时刻比较系列 X_i 的相对差值即为 $\zeta_{0i}(K)$,
$\zeta_{0i}(K)$ 称为 X_i 对 X_0 在 K 时刻的关联系数。η（$0 < \eta < 1$）为分辨系数,当分辨系数取介
于 $0 \sim 1$ 的不同值时,关联度的排序不会受到影响,为了具有较高的分辨率,分辨系数一般
取 $\eta = 0.5$。

$\Delta_{0i}(K) = |X_0(K) - X_i(K)|$,即参考系列 X_0 与各比较系列 X_i,在第 K 个时刻的绝
对差值,$\Delta_{\min}$ 和 $\Delta_{\max}$ 为 $|\Delta_{0i}(K)|$ 的最小值和最大值。因此,公式(7-4)可以简化为

$$\zeta_{0i} = \frac{\Delta_{\min} + \eta\Delta_{\max}}{\Delta_{0i}(K) + \eta\Delta_{\max}} \tag{7-5}$$

由以上方法,计算 X_i 对 X_0 关联系数 ζ 系列,见表7-7。

表 7-7　X_i 对 X_0 的关联系数

序号	ζ_{01}	ζ_{02}	ζ_{03}	ζ_{04}	ζ_{05}	ζ_{06}	ζ_{07}	ζ_{08}
1	0.76	0.8	0.83	0.87	0.89	0.78	0.80	0.79
2	0.86	0.91	0.99	0.99	0.97	0.62	0.61	0.95
3	0.42	0.43	0.48	0.49	0.51	0.48	0.48	0.48
4	0.90	0.95	1.00	0.99	0.99	0.93	0.94	0.98
5	0.75	0.77	0.97	0.93	0.91	0.97	0.94	0.95
6	0.84	0.89	0.83	0.87	0.90	0.81	0.88	0.84
7	0.47	0.45	0.47	0.48	0.49	0.48	0.48	0.48
8	0.70	0.74	0.85	0.87	0.97	0.85	0.93	0.88
9	0.78	0.74	0.59	0.64	0.58	0.59	0.57	0.58
10	0.60	0.62	0.60	0.59	0.67	0.59	0.65	0.62
11	0.64	0.67	0.69	0.70	0.79	0.73	0.76	0.74
12	0.76	0.73	0.82	0.86	0.85	0.83	0.80	0.82
13	0.55	0.57	0.54	0.52	0.57	0.55	0.55	0.55
14	0.72	0.69	0.99	0.99	0.99	1.00	1.00	1.00
15	0.74	0.72	0.81	0.78	0.83	0.81	0.81	0.81
16	0.71	0.69	0.81	0.84	0.81	0.80	0.81	0.80
17	0.99	1.00	0.69	0.65	0.72	0.71	0.70	0.71
18	0.79	0.87	0.82	0.82	0.81	0.82	0.78	0.80
19	0.67	0.71	0.68	0.80	0.70	0.67	0.67	0.67
20	0.36	0.37	0.33	0.33	0.34	0.33	0.33	0.33
21	0.68	0.63	0.69	0.69	0.74	0.72	0.71	0.71
22	0.93	0.88	0.99	0.98	1.01	0.97	0.99	0.99
23	0.59	0.69	0.53	0.52	0.56	0.55	0.55	0.55

续表 7-7

序号	ζ_{01}	ζ_{02}	ζ_{03}	ζ_{04}	ζ_{05}	ζ_{06}	ζ_{07}	ζ_{08}
24	0.95	0.90	0.82	0.77	0.87	0.86	0.86	0.86
25	0.71	0.67	0.84	0.74	0.99	0.91	0.93	0.92
26	0.80	0.78	0.96	0.95	0.85	0.91	0.89	0.90
27	0.34	0.33	0.37	0.38	0.41	0.38	0.38	0.38
28	0.88	0.97	0.82	0.76	0.95	0.81	0.85	0.83
29	0.91	0.98	0.81	0.78	0.73	0.80	0.76	0.78
30	0.56	0.60	0.47	0.49	0.43	0.47	0.45	0.46

7.2.1.4 灰关联度的计算

关联系数系列一般难以进行比较,为了从整体上进行比较,必须将各个时刻的关联系数求平均值,集中为一个值,称为灰关联度,即关联程度的数量表示。灰关联度的计算公式为

$$R_{0i} = \frac{1}{N} \sum_{K=1}^{n} \zeta_0(K) \tag{7-6}$$

式中　　N——比较系列的数据数;

　　　　R_{0i}——比较曲线 X_i 对参考曲线 X_0 的灰关联度。

灯笼山站年平均水位与其影响因素的灰关联度见表 7-8。

表 7-8　灰关联度

灰关联度	R_{01}	R_{02}	R_{03}	R_{04}	R_{05}	R_{06}	R_{07}	R_{08}
数值	0.712	0.725	0.736	0.736	0.761	0.724	0.729	0.739

由于珠江口地区水资源系统具有灰色特征,利用灰色关联法能有效地分析珠江口水位的影响因素,找出影响较大的因素。灰关联度大于 0.5 一般认为有联系,当灰关联度大于 0.7 时认为关联密切。研究中选用的马口站年平均流量、(马 + 三)流量、闸坡站海平面、灯笼山站年最高水位、灯笼山站年最低水位、灯笼山站平均高潮位、灯笼山站平均低潮位、灯笼山站年平均潮差这 8 个指标,与年平均水位的灰关联度均大于 0.5,代表各因子对年平均水位均产生显著影响,其中闸坡站海平面变化与年平均水位的灰关联度为 0.736,表示海平面变化对年平均水位有较大的贡献率。然后选择灰关联度较大的(马 + 三)流量、闸坡站海平面、灯笼山站年最高水位、灯笼山站平均低潮位、灯笼山站年最低水位、灯笼山站年平均潮差共 6 个指标进一步做主成分分析,研究海平面上升对河口区年平均水位变化的贡献率。

7.2.2 基于主成分分析法的海平面上升对珠江口水位变化的贡献识别

7.2.2.1 主成分分析法介绍

由于统计软件越来越普及,主成分分析法在多个领域有着广泛的应用,如环境、地理、

气象等领域的资料分析及计算机模式识别,此法已成为数理统计学中的一个重要方法。主成分分析法可以把原来多个变量划为少数几个综合指标,同时尽可能多地保留原来较多变量所反映的信息,优点是使原始指标更集中、更典型地代表原有的研究对象,实质上是一种降维处理技术的统计分析方法。

假设一个 $n \times p$ 阶的地理数据矩阵

$$X = \begin{pmatrix} x_{11} & x_{12} & \cdots & x_{1p} \\ x_{21} & x_{22} & \cdots & x_{2p} \\ \vdots & \vdots & & \vdots \\ x_{n1} & x_{n2} & \cdots & x_{np} \end{pmatrix}$$

作为原始数据矩阵,其中 X_{uv} 为第 u 个样本的第 v 项指标的值, $u = 1,2,\cdots,n; v = 1,2,\cdots,p$。

计算步骤主要包括:

(1)标准化处理原始数据矩阵,以便消除量纲的影响和各指标在数据级上的差异性。

令
$$x'_{uv} = \frac{x_{uv} - \overline{x_v}}{\sqrt{\mathrm{var}(x_v)}} \quad (u = 1,2,\cdots,n; v = 1,2,\cdots,p) \tag{7-7}$$

其中, $\overline{x_v} = \frac{1}{n}\sum_{u=1}^{n} x_{uv}$, $\mathrm{var}(x_v) = \frac{1}{n-1}\sum_{v=1}^{n}(x_{uv} - \overline{x_v})^2$ （ $u = 1,2,\cdots,n; v = 1,2,\cdots$, p)分别为第 v 项指标的均值和方差。

(2) $x_1, x_2, \cdots, x_p$ 是原始数据矩阵的变量指标,构建矩阵 X 的相关系数矩阵

$$R = \begin{pmatrix} r_{11} & r_{12} & \cdots & r_{1p} \\ r_{21} & r_{22} & \cdots & r_{2p} \\ \vdots & \vdots & & \vdots \\ r_{p1} & r_{p2} & \cdots & r_{pp} \end{pmatrix} \tag{7-8}$$

其中, r_{ij} （ $i,j = 1,2,\cdots,p$ ）为原变量的 x_i 与 x_j 之间的相关系数,其计算公式为

$$r_{ij} = \frac{\sum_{k=1}^{n}(x_{ki} - \overline{x_j})}{\sqrt{\sum_{k=i}^{n}(x_{ki} - \overline{x_i})^2 \sum_{k=1}^{n}(x_{kj} - \overline{x_i})^2}} \tag{7-9}$$

(3)计算特征值与特征向量。

通常用雅可比法(Jacobi)求出相关系数矩阵 R 的特征值 $\lambda_i (i = 1,2,\cdots,p)$,并使其按大小顺序排列,即 $\lambda_1 \geqslant \lambda_2 \geqslant \cdots \geqslant \lambda_p \geqslant 0$,然后求出相应的特征向量 $e_i(i = 1,2,\cdots,p)$。这里 $\sum_{j=1}^{p} e_{ij}^2 = 1$,其中 e_{ij} 表示向量 e_i 的第 j 个分量。

(4)计算主成分贡献率及累计贡献率。

第 i 主成分 z_i 的特征值 λ_i 是主成分的方差。随着方差的增大,对总变差的贡献也增大,其贡献率为 $\lambda_i \big/ \sum_{k=1}^{p} \lambda_k$ （ $i = 1,2,\cdots,p$ ）,累积贡献率为 $\sum_{k=1}^{i} \lambda_k \big/ \sum_{k=1}^{p} \lambda_k$ （ $i = 1,2,\cdots,p$ ）。

一般情况,当前 $m(1 \leqslant m \leqslant p)$ 个主成分的累计贡献率达到85%~95%时,表示原始变量的绝大部分信息已经包含于前 m 个主成分,所对应的为第一、第二、…、第 m 个主成分。

（5）计算主成分载荷。

计算公式为

$$l_{ij} = p(z_i, x_j) = \sqrt{\lambda_i} e_{ij} \quad (i, j = 1, 2, \cdots, p) \tag{7-10}$$

得到主成分载荷后，可以利用公式（7-11）进一步计算得到各主成分的得分：

$$\begin{cases} z_1 = l_{11}x_1 + l_{12}x_2 + \cdots + l_{1p}x_p \\ z_2 = l_{21}x_1 + l_{22}x_2 + \cdots + l_{2p}x_p \\ \qquad\qquad \cdots\cdots \\ z_m = l_{m1}x_1 + l_{m2}x_2 + \cdots + l_{mp}x_p \end{cases} \tag{7-11}$$

7.2.2.2 主成分分析法的计算过程

主成分分析法能很好地探讨海平面上升对珠江口水位变化的贡献率，应用 SPSS16 软件对 6 个指标进行主成分分析，这 6 个指标是通过灰色理论选取的相关性较高的影响因素，包括（马 + 三）流量（X_2）、闸坡站海平面（X_3）、灯笼山站年最高水位（X_4）、灯笼山站年最低水位（X_5）、灯笼山站平均低潮位（X_7）、灯笼山站年平均潮差（X_8），各指标相关关系矩阵 R 可以通过软件计算得到，如表 7-9 所示。

表 7-9　各指标的相关系数矩阵

	X_2	X_3	X_4	X_5	X_7	X_8
X_2	1.000	0.600	− 0.116	0.611	0.524	− 0.512
X_3		1.000	0.037	− 0.360	0.106	0.394
X_4			1.000	0.194	0.244	− 0.369
X_5				1.000	0.562	− 0.870
X_7					1.000	− 0.695
X_8						1.000

图 7-8 为表现各成分特征值的碎石图，可以看出因子 1 的特征值比较大，且与因子 2 和因子 3 的差值较显著，因子 2、3 与因子 4、5、6 的差值也较大，而因子 4、5、6 之间的差值均比较小。可以初步判断保留 3 个因子将能概括绝大部分信息。

此外，还可以得到相关系数矩阵 R 的特征值及其贡献率、累计贡献率（见表 7-10），旋转后的主成分荷载矩阵（见表 7-11）及主成分得分系数（见表 7-12）。

表 7-10　特征值及其贡献率、累计贡献率

主成分	特征值	贡献率（%）	累计贡献率（%）
1	3.023	50.381	50.381
2	1.206	20.108	70.489
3	1.113	18.546	89.035

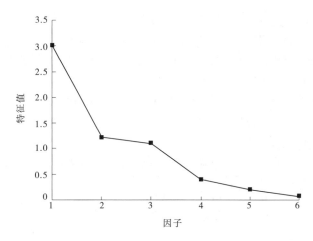

图 7-8　特征值的碎石图

表 7-11　旋转后的主成分荷载矩阵

指标	C_1	C_2	C_3
(马 + 三)流量	0.859	0.108	− 0.304
灯笼山站年最低水位	0.829	− 0.418	0.126
灯笼山站平均低潮位	0.827	0.175	0.266
灯笼山站平均潮差	− 0.810	0.416	− 0.346
闸坡站海平面	− 0.020	0.976	0.031
灯笼山站年最高水位	0.088	0.015	0.963

表 7-12　主成分得分系数

指标	C_1	C_2	C_3
(马 + 三)流量	0.396	0.180	− 0.366
闸坡站海平面	0.111	0.773	0.074
灯笼山站年最高水位	− 0.084	0.066	0.822
灯笼山站年最低水位	0.264	− 0.221	− 0.015
灯笼山站平均低潮位	0.320	0.255	0.134
灯笼山站平均潮差	− 0.229	0.212	− 0.179

　　由表 7-10 可知,前 3 个主成分的累计贡献率为 89.035%,已经大于 85%,前 3 个主成分可以反映原始变量的主要信息。第一主成分贡献率最高,达到 50.38%,约占所有成分总贡献率的一半。表 7-11 显示,第一主成分具有很大载荷的是(马 + 三)流量、灯笼山站年最低水位、灯笼山站平均低潮位和灯笼山站平均潮差,可以看出径流和潮汐对珠江口年平均水位有重要影响;第二主成分具有很大载荷的是闸坡站海平面,说明海平面上升对珠江口年平均水位影响较明显;第三主成分具有较大载荷的是灯笼山站年最高水位,说明灯

笼山站年最高水位对年平均水位有影响。所以,第一主成分可以归纳为径流潮汐作用,海平面上升为第二主成分的代表因素,年最高水位为第三主成分的代表因素。

年平均水位及影响因素的相关系数表(见表7-13)显示,灯笼山站年平均水位与(马+三)流量、闸坡站海平面、灯笼山站年最低水位、灯笼山站平均低潮位的相关系数较大,达到0.01的显著性概率水平,是高度相关关系;与灯笼山站年平均潮差相关系数的显著性概率水平为0.05,说明相关性也比较显著。也能看出主成分分析结果和上述灰关联度分析结果是一致的,也是合理的。

表7-13 年平均水位及影响因素的相关系数

	灯笼山站年平均水位	(马+三)流量	闸坡站海平面	灯笼山站年最高水位	灯笼山站年最低水位	灯笼山站平均低潮位	灯笼山站平均潮差
灯笼山站年平均水位	1.000						
(马+三)流量	0.680**	1.000					
闸坡站海平面	0.529**	0.068	1.000				
灯笼山站年最高水位	0.225	-0.127	0.060	1.000			
灯笼山站年最低水位	0.452**	0.580**	-0.274	0.185	1.000		
灯笼山站平均低潮位	0.657**	0.455*	0.127	0.244	0.562**	1.000	
灯笼山站平均潮差	-0.376*	-0.429*	0.336	-0.369*	-0.870**	-0.728**	1.000

注:$0.01 < P < 0.05$ 标"*",$P < 0.01$ 标"**"。

珠江口地区海平面上升对水位的影响具有非常复杂的特性,闸坡站海平面与灯笼山站年平均水位的相关系数为0.529,达到了0.01的显著性概率水平,具有高度相关性。利用灰关联法计算了灯笼山站年平均水位与闸坡站海平面等8个影响因素的灰关联度,其中海平面变化对年平均水位的灰关联度为0.736,可以看出海平面变化与年平均水位具有密切关系,海平面变化对年平均水位的贡献率也较大。利用主成分分析法对所选灰关联度较大的(马+三)流量、闸坡站海平面、灯笼山站年最高水位、灯笼山站年最低水位、灯笼山站平均低潮位、灯笼山站年平均潮差等6个指标进行研究,结果显示,第一主成分、第二主成分和第三主成分分别为径流潮汐作用、海平面上升和年最高水位;第二主成分海平面上升对年平均水位的贡献率约为20%。因此,对珠江口水位影响最大的为径流潮汐作用,海平面上升对珠江口水位的贡献也是较显著的。

7.2.3 基于层次聚类分析法的珠江口水位对海平面上升的响应

7.2.3.1 聚类分析方法

聚类分析(Cluster Analysis),又称点群分析或集群分析,此方法的基本思想是依照事物的数值特征,判断各样品之间的亲疏关系。利用样品之间的距离来衡量样品之间的亲疏关系,依据定义样品之间的距离,把距离近的样品归为一类。传统的聚类分析要求聚类变量为数值变量。聚类分析可以由样本数据出发,决定分类标准也较客观,所以在分类过程中,不必事先给出一个分类标准。

　　层次聚类分析(Hierarchical Cluster Analysis)是实际工作中使用最多的一种方法,也称系统聚类。层次聚类分析的基本思想为:一是,每个样本自成一类;二是按照适合方法度量所有样本之间的亲疏程度,先聚成一小类的是其中最亲密或最相似的样本;三是剩余的样本和小类之间的亲疏程度再度量,并将当前最亲密的样本或小类再聚成一类;四是继续度量剩余的样本和小类(或小类和小类)间的亲疏程度,同样将当前最亲密的样本或小类再聚成一类;五是如此重复,最后所有的样本分别聚成一类为止。因此,层次聚类方法的关键是度量数据之间的亲疏程度。值得注意的是,这里分类的标准并没有给定,所有数据分成几类也没有给出,但是要求比较客观地从数据自身出发进行分类。凝聚状态表(agglomeration schedule)、树形图(dendrogram)和冰柱图(vertical icicle)是层次聚类分析的结果。欧氏距离(Euclidean Distance)、欧氏距离平方(Squared Euclidean Distance)、Block 距离、Minkowski 距离、Cheby-chev 距离、Customized 距离等都是连续变量的样本距离测度方法;Chi-Square Measure 和 Phi-square Measure 是顺序或名义变量的样本亲疏测度方法。

　　最邻近距离法(Nearest Neighbor)、组间平均链锁法(Be-tween-groups Linkage)、组内平均链锁法(Within-groups Linkage)、最远距离法(Furthest Neighbor)、重心法(Centroid Clustering)、离差平方和法(Ward Methods)是样本数据与小类、小类与小类间亲疏程度的度量方法。本研究采用最远距离法(Furthest Neighbor)。

　　除层次聚类分析法外,聚类分析还包括 K - 平均聚类分析方法和 Twostep 聚类分析方法两种。样本少的分析一般用层次聚类分析方法,样本多的分析一般用 K - 平均聚类分析方法。并且,首先确定几类聚类是 K - 平均聚类分析方法的特征,但是层次聚类分析方法没有事先确定。经过各种方法的对比分析,层次聚类分析方法比较适合于本研究。

7.2.3.2　层次聚类分析法的应用

　　依据上述水位变化的特点,分析了水位变化的主要影响因素,以代表站为聚类对象,选取了珠江三角洲河口区主要代表站的年平均水位变化幅度、年最高水位变化幅度、年最低水位变化幅度、年平均水位与海平面相关系数、年平均水位与流量相关系数这 5 种要素进行层次聚类分析。图 7-9 和图 7-10 为层次聚类树形图和层次聚类示意图。由层次聚类树形图看出,当类间距取为 3.5 ~ 4.0 时,所选代表站可分为 4 类(见表 7-14):马口站和三水站为 1 类;澜石站、板沙尾站、小榄(二)站、马鞍站和竹银站为 2 类,其中板沙尾站、小榄(二)站和竹银站更加接近;横门站、灯笼山站、横山站和白蕉站为 3 类,其中横门站、灯笼山站和白蕉站更加接近;大横琴站、三灶站和黄金站为 4 类,其中大横琴站和黄金站更加接近。通过层次聚类分析看出,珠江口水位变化存在着较大的差异性,各聚类类型所包含的站点数量虽然不一,但这也反映了层次聚类分析的相对科学性,可以避免人为分类和定性分类的主观随意性,为深入分析海平面上升对河口区水位的影响提供依据。

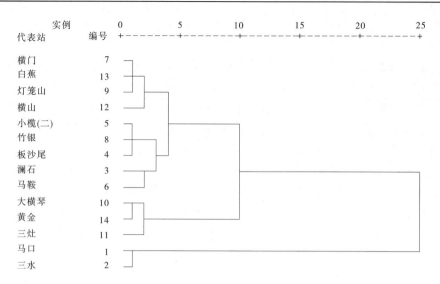

图 7-9　层次聚类树形图

表 7-14　聚类结果对比

聚类对象	年平均水位变化幅度（mm/a）	年最高水位变化幅度（mm/a）	年最低水位变化幅度（mm/a）	年平均水位与海平面相关系数	年平均水位与流量相关系数	类别
马口	−29.5	−39.4	−12.9	−0.309	0.686	1
三水	−36.3	−47.4	−15.7	−0.448	0.608	1
澜石	−4.5	−23.6	3.1	0.126	0.905	2
板沙尾	−2	−3.7	−7.4	0.197	0.866	2
小榄（二）	−2	−2.9	0.5	0.008	0.756	2
马鞍	−1.7	4.2	3.6	0.223	0.898	2
竹银	−5	−1.9	−3.9	−0.119	0.656	2
横门	3.2	2.7	3.2	0.684	0.574	3
灯笼山	0.1	3.3	−1.8	0.529	0.705	3
横山	−2.2	−1	−2.4	0.168	0.435	3
白蕉	0.8	4.1	2.9	0.645	0.660	3
大横琴	5.3	11.9	7.4	0.807	0.247	4
三灶	1.2	6.7	2.5	0.896	0.024	4
黄金	2.1	4.6	7.7	0.726	0.369	4

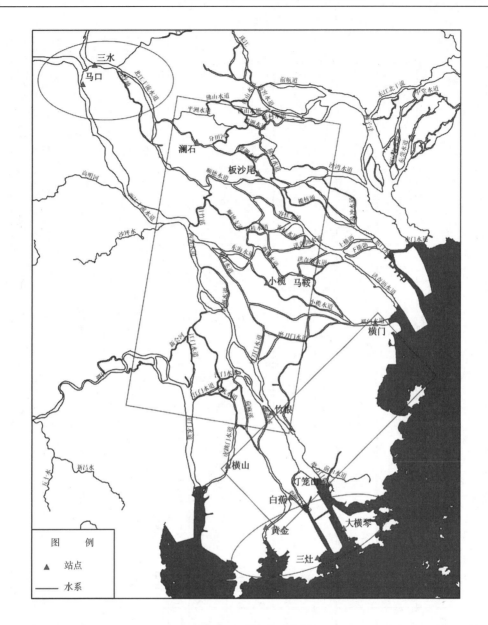

图 7-10　层次聚类示意图

7.2.3.3　代表站水位变化的影响因素识别

1. 相关分析

所谓相关,是指两个或两个以上变数间的相互关系。相关分析仅限于测定两个或两个以上变数具有相关关系者,其主要目的是计算出两个或两个以上变数间相关程度和性质。地理要素之间相互关系密切程度的测定,主要是通过对相关系数的计算和检验来完成的。

珠江三角洲河口区代表站水位、海平面及流量之间的相关系数见表 7-15 ~ 表 7-17。相关分析显示,海平面上升对珠江口代表站的年平均水位和年最低水位的影响大于对年

表7-15　代表站年平均水位、海平面及流量的相关系数

	闸坡站海平面	(马+三)流量	灯笼山	马口	三水	竹银	黄金	大横琴	横门	板沙尾	三灶	横山	白蕉	小榄(二)	马鞍	澜石
闸坡站海平面	1															
(马+三)流量	0.086	1														
灯笼山	0.529**	0.705**	1													
马口	-0.309	0.686**	0.498**	1												
三水	-0.448**	0.608**	0.486**	0.928**	1											
竹银	-0.119	0.656**	0.650**	0.919**	0.916**	1										
黄金	0.726**	0.369*	0.706**	-0.093	-0.121	0.127	1									
大横琴	0.807**	0.247	0.485**	-0.451**	-0.475**	-0.337	0.791**	1								
横门	0.684**	0.574**	0.746**	-0.017	-0.033	0.090	0.806**	0.874**	1							
板沙尾	0.197	0.866**	0.816**	0.777**	0.759**	0.756**	0.343	0.221	0.577**	1						
三灶	0.896**	0.024	0.447*	-0.300	-0.330	-0.097	0.751**	0.767**	0.588**	0.132	1					
横山	0.168	0.435*	0.607**	0.628**	0.633**	0.716**	0.293	-0.033	0.168	0.547**	0.156	1				
白蕉	0.645**	0.660**	0.936**	0.349	0.325	0.485**	0.807**	0.685**	0.814**	0.757**	0.581**	0.495**	1			
小榄(二)	0.008	0.756**	0.652**	0.709**	0.683**	0.677**	0.223	0.026	0.398*	0.790**	-0.131	0.419*	0.591**	1		
马鞍	0.223	0.898**	0.826**	0.745**	0.722**	0.733**	0.419*	0.292	0.623**	0.976**	0.147	0.550**	0.777**	0.792**	1	
澜石	0.126	0.905**	0.784**	0.810**	0.792**	0.798**	0.346	0.173	0.514**	0.963**	0.070	0.591**	0.731**	0.825**	0.978**	1

注:$0.01<P<0.05$ 标"*", $P<0.01$ 标"**"。

表 7-16　代表站年最高水位、海平面及流量的相关系数

	闸坡站海平面	(马+三)流量	灯笼山	马口	三水	竹银	黄金	大横琴	横门	板沙尾	三灶	横山	白蕉	小榄(二)	马鞍	澜石
闸坡站海平面	1															
(马+三)流量	0.086	1														
灯笼山	0.102	-0.141	1													
马口	-0.026	0.694**	-0.262	1												
三水	-0.047	0.676**	-0.271	0.988**	1											
竹银	0.248	0.241	0.708**	0.285	0.265	1										
黄金	0.175	-0.228	0.858**	-0.398*	-0.408*	0.515*	1									
大横琴	0.132	-0.206	0.910**	-0.274	-0.275	0.587**	0.865**	1								
横门	0.072	0.079	0.851**	-0.033	-0.043	0.664**	0.614**	0.739**	1							
板沙尾	0.208	0.607**	0.219	0.780**	0.766**	0.714**	0.008	0.173	0.426*	1						
三灶	0.156	-0.274	0.835**	-0.360*	-0.367*	0.482**	0.913**	0.923**	0.613**	0.056	1					
横山	0.290	0.024	0.785**	0.006	0.016	0.847**	0.719**	0.790**	0.696**	0.483**	0.637**	1				
白蕉	0.285	-0.134	0.874**	-0.290	-0.277	0.606**	0.936**	0.911**	0.677**	0.166	0.882**	0.826**	1			
小榄(二)	0.105	0.727**	-0.238	0.945**	0.936**	0.298	-0.367*	-0.177	0.017	0.827**	-0.301	-0.019	-0.250	1		
马鞍	0.324	0.638**	0.058	0.803**	0.781**	0.580**	-0.107	0.055	0.268	0.946**	-0.045	0.316	0.046	0.913**	1	
澜石	0.040	0.617**	-0.228	0.877**	0.882**	0.287	-0.308	-0.246	-0.067	0.677**	-0.329	0.067	-0.186	0.870**	0.732**	1

注：$0.01 < P < 0.05$ 标 "*"，$P < 0.01$ 标 "**"。

表 7-17　代表站年最低水位、海平面及流量的相关系数

	闸坡站海平面	（马+三）流量	灯笼山	马口	三水	竹银	黄金	大横琴	横门	板沙尾	三灶	横山	白蕉	小榄（二）	马鞍	澜石
闸坡站海平面	1															
（马+三）流量	0.086	1														
灯笼山	-0.089	0.329	1													
马口	-0.334	0.252	0.678**	1												
三水	-0.348*	0.234	0.630**	0.983**	1											
竹银	-0.246	0.271	0.812**	0.855**	0.837**	1										
黄金	0.439**	0.101	0.028	-0.433*	-0.490**	-0.149	1									
大横琴	0.570**	0.384*	-0.004	-0.392*	-0.459*	-0.197	0.720**	1								
横门	0.326	0.319	0.574**	0.157	0.091	0.390*	0.389*	0.455*	1							
板沙尾	0.027	0.320	0.120	0.401*	0.413*	0.415*	0.080	0.323	-0.014	1						
三灶	0.202	0.347*	0.367*	0.026	-0.008	0.145	0.221	0.421*	0.395*	-0.110	1					
横山	-0.348*	0.219	0.559**	0.528**	0.540**	0.640**	-0.086	-0.170	0.301	0.210	0.012	1				
白蕉	0.263	0.272	0.322	0.009	-0.048	0.216	0.811**	0.689**	0.437*	0.345*	0.204	0.184	1			
小榄（二）	0.134	0.383*	0.452*	0.454*	0.441*	0.632**	0.275	0.197	0.761**	0.733**	0.323	0.371*	0.407*	1		
马鞍	0.426*	0.504**	0.424*	0.116	0.081	0.338	0.450*	0.458*	0.812**	0.183	0.421*	0.299	0.452**	0.885**	1	
澜石	0.497**	0.311	0.455**	0.281	0.253	0.467**	0.302	0.295	0.794**	0.195	0.331	0.321	0.356*	0.920**	0.878**	1

注：$0.01 < P < 0.05$ 标 "*"，$P < 0.01$ 标 "**"。

最高水位的影响,并且对近口门处特别是聚类分析所得的第 4 类的影响最明显,向三角洲深处海平面上升对水位的影响有减弱趋势;流量对珠江口代表站的年平均水位和年最高水位的影响大于对年最低水位的影响,并且对三角洲深处特别是聚类分析所得的第 1、2、3 类的影响最明显,流量对水位的影响向近口门处有减弱趋势。

2. 灰关联分析

对于具有灰色特性的珠江三角洲水资源系统,可以利用灰色关联法对河口区水位的影响因素进行分析(见表 7-18),探索海平面变化、流量对水位的贡献率大小。一般地,灰关联度大于 0.5、0.7 分别表示有联系、关联密切。海平面变化、流量与水位的灰关联度均大于 0.5,说明海平面变化、流量均对水位产生影响。由表 7-19 计算结果可以明显看出,海平面变化与年平均水位关联密切,且灰关联度大于流量与年平均水位灰色关联度的代表站有黄金站和三灶站;流量与年平均水位关联密切,且灰关联度大于海平面变化与年平均水位灰色关联度的代表站有灯笼山站、三水站、小榄(二)站、马鞍站和澜石站。海平面变化对代表站年平均水位的影响越靠近珠江口门越大。

表 7-18　代表站的灰关联度

代表站	灯笼山	马口	三水	竹银	黄金	大横琴	横门	板沙尾	三灶	横山	白蕉	小榄(二)	马鞍	澜石
闸坡站海平面—年平均水位	0.75	0.69	0.72	0.67	0.71	0.69	0.63	0.70	0.70	0.63	0.68	0.70	0.69	0.70
(马+三)流量—年平均水位	0.76	0.64	0.73	0.59	0.64	0.68	0.62	0.70	0.65	0.69	0.68	0.77	0.75	0.71
闸坡站海平面—年最高水位	0.73	0.63	0.63	0.65	0.68	0.76	0.77	0.70	0.69	0.69	0.69	0.68	0.72	0.64
(马+三)流量—年最高水位	0.73	0.74	0.71	0.70	0.69	0.71	0.71	0.71	0.73	0.67	0.73	0.74	0.71	0.70
闸坡站海平面—年最低水位	0.68	0.66	0.64	0.65	0.67	0.58	0.73	0.75	0.68	0.68	0.68	0.66	0.64	0.65
(马+三)流量—年最低水位	0.70	0.68	0.69	0.65	0.67	0.71	0.62	0.72	0.65	0.70	0.68	0.69	0.65	0.67

表 7-19 统计结果显示,海平面变化对珠江口代表站的年最低水位影响较大;而流量变化对年最高水位的影响最大,所选代表站中关联密切的站数达到 9 个;通过关联的密切程度看,流量对于年平均水位的影响较大,海平面变化与年平均水位关系密切的站点主要是近河口区的黄金站和三灶站。

3. 流量变化分析

西江、北江主要控制水文站 1971~2004 年流量过程如图 7-11 所示,马口站年平均流量有较明显的下降趋势,三水站年平均流量有明显的上升趋势,马口站和三水站径流的分流比在不断地发生着变化,如图 7-12 所示。(马口站 + 三水站)的年平均流量和枯季年平均流量在 1971 ~ 2004 年为下降趋势。马口站洪季、枯季流量都呈下降趋势,而洪季下降趋势更明显;三水站洪季、枯季流量都呈上升趋势,洪季比枯季上升趋势更明显(见图 7-13)。流量的变化也会对年平均水位、年最高水位及年最低水位产生影响,一般地,其他条件较一致的情况下,流量与水位呈正相关关系。图 7-14 和图 7-15 也显示了流量与水位呈正相关关系,并且马口站和三水站在相同来水条件下,水位有明显下降趋势,这主要与大量采砂导致的河床下切有关。

表 7-19　灰关联度统计

灰关联度关系	代表站	站数总计
R 海平面—年平均水位 > R 流量—年平均水位	马口、竹银、大横琴、横门、板沙尾、白蕉、黄金*、三灶*	8
R 海平面—年最高均水位 > R 流量—年最高水位	横山、大横琴*、横门*、马鞍*	4
R 海平面—年最低水位 > R 流量—年最低水位	黄金、三灶、横山、白蕉、马鞍、横门*、板沙尾*、小榄(二)*、澜石*	9
R 海平面—年平均水位 < R 流量—年平均水位	横山、灯笼山*、三水*、小榄(二)*、马鞍*、澜石*	6
R 海平面—年最高均水位 < R 流量—年最高水位	黄金、灯笼山*、马口*、三水*、竹银*、板沙尾*、三灶*、白蕉*、小榄(二)*、澜石*	10
R 海平面—年最低水位 < R 流量—年最低水位	马口、竹银、灯笼山*、三水*、大横琴*	5

注:* 为关联密切。

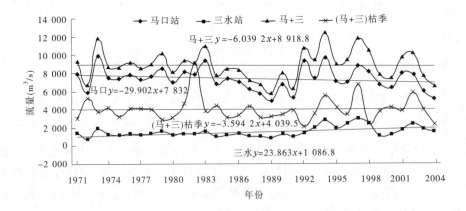

图 7-11　1971 ~ 2004 年马口站和三水站流量过程

4. 河道地形变化分析

据中山大学河口研究所调查资料,河道天然搬运到三角洲网河区的年输沙量仅有

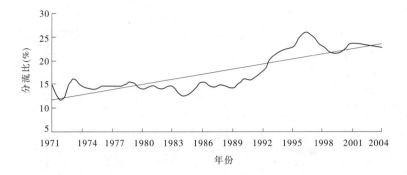

注:分流比为三水站流量占(三水站 + 马口站)流量的比例

图 7-12　马口站和三水站径流分流比变化过程

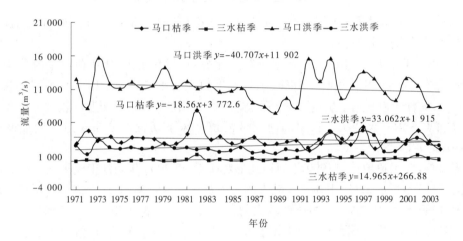

图 7-13　1971～2004 年马口站和三水站洪季、枯季流量过程

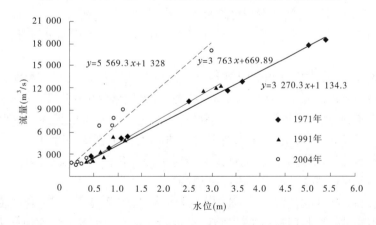

图 7-14　马口站月平均流量与水位关系

5 000 万 t,而 20 世纪 90 年代中期珠江三角洲网河区年采砂量达 1 亿 t。近 20 年的大规模河道采砂,导致了西北江三角洲河床由总体缓慢淤积变为急剧、持续的下切,过水断面面积及河槽容积逐年增大显著。另外,多年来珠江三角洲网河区的通航、防洪需要,不断

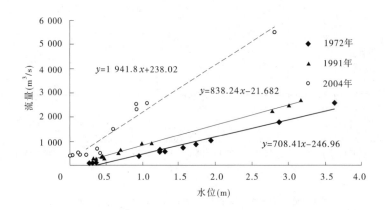

图7-15　三水站月平均流量与水位关系

进行河道疏浚工作对河床下切也有一定影响。人类采砂活动对三角洲河道的作用强度远远超过河道的自然演变过程。

把1999年与1985年的河道地形进行对比分析,发现至1999年西江干流平均下切0.8 m,河槽容积较1985年增加18%,下切速度较大的主要集中在中游平沙尾—灯笼山约94 km;北江干流平均下切2.8 m,容积较1985年增加69%,下切速度较大的主要集中在上中游思贤滘—火烧头。三角洲河网区河道河床下切程度分布及过水断面变形见图7-16、图7-17及表7-20。

从2006年河道地形与1999年河道地形对比看,至2006年西江干流平均下切2.0 m,容积较1999年增加29%,下切速度较大的为思贤滘—百顷头;北江干流平均下切1.5 m,容积较1999年增加36%,下切速度较大的为思贤滘—三槽口49 km长的河段。1999~2006年间竹排沙以下河段冲淤变化较上段小,洪湾水道入口附近由微冲变微淤,拦门沙以上河道深槽变化很小。磨刀门口门整体上南偏东南向淤积趋势明显,口门附近整体上年均淤高6~8 cm,其中拦门沙淤积更是显著。磨刀门口外深槽进一步延伸,向外海分左右两槽,其中右边主槽向外延伸约1 km,深泓下切1 m,左边支槽向外延伸约2 km,深泓下切2 m。

1985~2006年,西北江三角洲河槽容积增加约10亿 m^3,若按正常的泥沙淤积速度,需要100年时间方可回淤至1985年以前的状态,因此地形变化在近20年内是不可逆的。

大量水文资料、河道地形资料的对比分析显示,近年大规模的无序、无度的河道采砂活动,使网河水道在水沙分配、河床边界条件等方面发生了剧变,其作用大大超过同期其他人类活动及自然活动作用的总和,河道采砂对近年三角洲网河区水位普遍下降及局部河段洪水位异常壅高现象的出现具有重要影响。

自20世纪80年代起,磨刀门内海区开始整治,起到了集水归槽、束水攻沙的作用。随着河床的不断冲深和拦门沙可能的刷深,航道疏浚和大规模挖砂导致河床大面积下切,与地面沉降类似,会导致相对海平面上升的加强,增加了三角洲网河区的纳潮容积,从而造成涨潮动力增强,使海平面上升对河口区水位的影响增强。

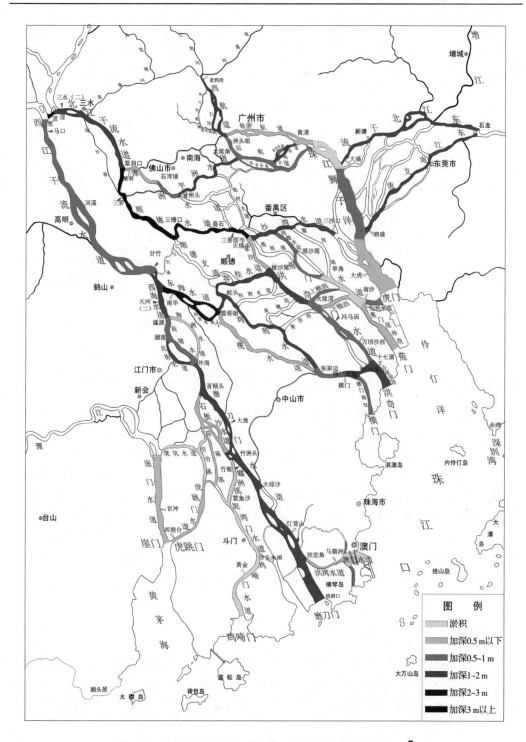

图 7-16　三角洲网河区河道河床下切幅度分布平面示意图❶

❶引自《珠江三角洲咸潮入侵数学模型及其应用研究》，珠江水资源保护研究所，2007。

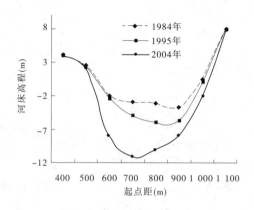

图 7-17　三水站大断面变化示意图[1]

表 7-20　西北江下游河段最大切深及过水断面面积相对变化情况[2]

项目	马口	三水
最大切深(m)	-7.11	-8.07
2 m 过水断面面积变化(%)	19.30	99.50
6 m 过水断面面积变化(%)	15.20	40.00
统计年份	1980～2003 年	1980～2003 年

因此,层次聚类分析的第 1 类中,马口站和三水站的年平均水位、最高水位和最低水位都有明显的下降趋势,三水站来水量有增加趋势,大规模采砂引起的河床下切是水位下降的最重要影响因素;河床下切和来水减少是马口站水位下降的主要影响因素;海平面上升对马口站和三水站水位的影响弱于河床下切和径流的影响。对层次聚类分析的第 2 类、第 3 类代表站的分析显示,流量对水位的影响大于海平面上升对水位的影响,有不少代表站水位有较明显的下降趋势,近 20 年大规模的河道采砂也是重要的影响因素,靠近口门处,海平面上升对水位的影响有增强趋势。对于第 4 类代表站,相关分析和灰关联分析都说明海平面上升与水位的关系密切。总之,海平面上升对珠江河口区水位的影响由口门区向三角洲深处有减弱趋势,越靠近沿海地带,水位受海平面上升的影响越大。

7.3　小　结

本章在总结珠江口水位年际、年内变化特征的基础上,利用灰色关联法、主成分分析法、层次聚类分析法等多种较成熟的方法,识别了海平面上升对珠江口代表站年平均水位的贡献率,揭示了珠江口代表站的年平均水位、年最低水位及年最高水位对海平面上升的响应规律。具体包括以下内容:

(1)珠江三角洲水位的变化存在着大量的不确定性、不精确性,这些特性既具有模糊

---

[1]引自陆永军,贾良文,莫思平,等《珠江三角洲网河低水位变化》,2008。

[2]引自《西江中、下游河床下切对洪水预报影响的分析及预报方法研究》,广东省水文局肇庆分局,2004。

特征,也具有灰色特征。本研究在分析珠江口水位的变化特征的基础上,利用灰色关联法分析了代表站灯笼山站年平均水位与流量、海平面、潮差等 8 因素的关系,年平均水位与影响因素之间的灰关联度均大于 0.7,说明各因子对年平均水位均产生显著影响,其中海平面变化与年平均水位的灰关联度为 0.736,说明海平面变化是年平均水位的重要影响因素。

（2）选取灰关联度较大的(马 + 三)流量,闸坡站海平面,灯笼山站的年最高水位、年最低水位、年平均低潮位、年平均潮差这 6 个指标进行主成分分析,结果表明,第一主成分为径流潮汐作用,第二主成分的代表因素为海平面上升,第三主成分的代表因素为年最高水位;其中海平面上升为代表的第二主成分对年平均水位的贡献率约为 20% 。海平面上升对灯笼山站年平均水位的影响虽然弱于径流潮汐作用,但其影响也是显著的。

（3）利用层次聚类法等揭示了珠江口水位对海平面上升的响应规律。①海平面上升对珠江口代表站的年平均水位和年最低水位的影响大于对年最高水位的影响;流量对珠江口代表站的年平均水位和年最高水位的影响大于对年最低水位的影响。②层次聚类分析的第 1 类中的马口站和三水站的年平均水位、最高水位和最低水位都有明显的下降趋势,三水站来水量有增加趋势,大规模采砂引起的河床下切是导致水位下降的最重要影响因素;马口站水位下降是受河床下切和来水减少的共同影响的结果;海平面上升对马口站和三水站水位的影响小于河床下切与径流的影响。③对层次聚类分析的第 2 类、第 3 类代表站的分析显示,流量对水位的影响大于海平面上升对水位的影响,有不少代表站水位有较明显的下降趋势,与近 20 年大规模的河道采砂也有重要关系,靠近口门处,海平面上升对水位的影响有增强趋势。④对于第 4 类代表站,相关分析和灰关联分析都显示海平面上升与水位具有密切关系。所以,海平面上升对珠江河口区水位的影响由口门区向三角洲深处有减弱趋势,越靠近沿海地带,水位受海平面上升的影响越大。

第8章　海平面上升影响下的珠江口最高洪潮水位预估

历史以来,海平面上升导致台风暴潮加剧,洪潮水位抬高,不同程度地影响了沿海地区的城市防洪排涝系统,给珠江口地区人民生活和经济建设带来了巨大损失。海平面上升使得珠江流域堤防设施的防御能力下降、风暴潮致灾程度加重。异常气候事件多发生于季节性高海平面期间,极易加重海洋灾害。2008年9月24日,广东沿海海平面比常年高200多mm,超强台风"黑格比"引起的罕见风暴潮,导致百年一遇高潮位,造成江水漫堤倒灌、堤防受损,数百万人受灾,直接经济损失超过百亿元。因此,在第5章的研究基础上,加强海平面上升影响下的珠江口最高洪潮水位预估研究迫在眉睫。本章在综合分析了海平面上升对咸潮、潮水位等方面影响机制的基础上,提出了应对海平面上升对珠江口水资源利用影响的具体措施,展望了需要进一步深入研究的关键问题,为珠江口地区的水资源开发利用和防灾减灾提供参考。

8.1　珠江口最高洪潮水位的变化规律

珠江水经虎门、蕉门、洪奇门、横门、磨刀门、鸡啼门、虎跳门及崖门八大口门注入南海。本研究重点以磨刀门水道的灯笼山站(113°24′E, 22°14′N)和横门水道的横门站(113°31′E, 22°35′N)为例分析最高洪潮水位的变化特征。

8.1.1　研究方法

8.1.1.1　趋势分析方法

目前常用的气象水文变化趋势分析方法主要有累积距平法、线性回归法、二次平滑法、滑动平均法、Mann-Kendall秩次相关检验法、三次样条函数法和Spearman秩次相关检验法等方法。尽管在水文气象时间序列中使用非参数检验方法比使用参数检验方法在非正态分布的数据和检验中更适合,基于其他一些参数检验方法也具有方便和简洁易懂的优点,本研究中采用多种方法相结合来诊断珠江口最高水位要素情势的变化。

1. 线性回归法

线性回归法是建立水文序列x_i与相应的时序i之间的线性回归方程来检验时间序列变化的趋势性。该方法可以给出时间序列是否具有递增或递减的趋势,并且线性方程的斜率在一定程度上表征了时间序列的平均趋势变化率,这是目前趋势性分析中较简便的方法,其不足之处是难以判别序列趋势性变化是否显著。线性回归方程为

$$x_i = ai + b \tag{8-1}$$

式中　x_i——时间序列;

i——相应的时序;

　　a ——线性方程斜率,表征时间序列的平均趋势变化率;

　　b ——截距。

2. 累积距平法

　　累积距平法也是一种常用的、由曲线直观判断变化趋势的方法。累积距平曲线呈上升趋势,表示累积距平值增加,反之减小。

　　对于序列 x ,其某一时刻 t 的累积距平表示为

$$\hat{x} = \sum_{i=1}^{t} (x_i - \bar{x}) \quad (t = 1,2,\cdots,n) \tag{8-2}$$

其中, $\bar{x} = \dfrac{1}{n} \sum_{i=1}^{n} x_i$

3. 非参数 Mann-Kendall 趋势检验法

　　Mann-Kendall 趋势检验法(简称 M-K 法)是提取趋势变化的有效工具,以适用范围广、人为性少、定量化程度高而著称,是一种被广泛用于分析趋势变化特征的检验方法。

　　设序列为 $x_t(t = 1,2,\cdots,n)$,M-K 检验的统计量 S 定义为

$$S = \sum_{i=1}^{n-1} \sum_{j=i+1}^{n} \text{sign}(x_j - x_i) \tag{8-3}$$

其中, x_i 、 x_j 分别为序列第 i 年和第 j 年的数值,且 $j > i$ 。 $\text{sign}(x_j - x_i)$ 为符号函数,即

$$\text{sign}(x_j - x_i) = \begin{cases} 1, & (x_j - x_i) > 0 \\ 0, & (x_j - x_i) = 0 \\ -1, & (x_j - x_i) < 0 \end{cases} \tag{8-4}$$

随着 n 增大, S 近似服从正态分布,则 S 的均值为 $\mu_s = 0$,标准差为

$$\sigma_s = \sqrt{\frac{n(n-1)(2n+5) - \sum_{i=1}^{n} t_i i(i-1)(2i+5)}{18}} \tag{8-5}$$

M-K 统计量 Z_s 计算公式为

$$Z_s = \begin{cases} \dfrac{S-1}{\sigma_s}, & S > 0 \\ 0, & S = 0 \\ \dfrac{S+1}{\sigma_s}, & S < 0 \end{cases} \tag{8-6}$$

　　$Z_s > 0$ 表明序列有上升趋势; $Z_s < 0$ 表明序列有下降趋势; $Z_s = 0$ 表明序列既无上升又无下降的趋势。当 Z 的绝对值在大于等于 1.28、1.64、2.32 时分别表示通过了信度 90%、95%、99% 的显著性检验。M-K 法的识别能力与给定的显著水平、样本容量、趋势度及变差系数有关。随着趋势度的绝对值、样本容量、显著性水平的增加,M-K 法的识别能力增强。

8.1.1.2　M-K 突变分析法

　　M-K 法以气候序列平稳为前提,并且这一序列是随机独立的,其概率分布等同。M-K 法的优点在于不需要样本遵从一定的分布,也不受少数异常值的干扰,更适合于水文气象

等非正态分布的数据。该方法还能明确降水的演变趋势是否存在突变现象以及突变开始的时间,并指出突变区域。具体计算方法如下。

对于具有 n 个样本量的时间序列 x ,构造一秩序列:

$$s_k = \sum_{i=1}^{k} r_i \quad (k = 1,2,\cdots,n) \tag{8-7}$$

其中

$$r_i = \begin{cases} +1, & x_i > x_j \\ 0, & x_i \leq x_j \end{cases} \quad (j = 1,2,\cdots,i) \tag{8-8}$$

假定时间序列随机独立,定义统计量:

$$UF_k = \frac{[s_k - E(s_k)]}{\sqrt{Var(s_k)}} \quad (k = 1,2,\cdots,n) \tag{8-9}$$

其中, $UF_1 = 0$, $E(s_k)$ 、 $Var(s_k)$ 分别为累计数 s_k 的均值和方差,在 $x_1,x_2,\cdots,x_n$ 相互独立,有相同连续分布时,可由式(8-10)算出

$$\begin{cases} E(s_k) = \dfrac{n(n-1)}{4} \\ Var(s_k) = \dfrac{n(n-1)(2n+5)}{72} \end{cases} \tag{8-10}$$

UF_k 为标准正态分布,它是按时间序列 x 的顺序 $x_1,x_2,\cdots,x_n$ 计算出的统计量序列,给定显著性水平 α ,查正态分布表,若 $|UF_k| > U_\alpha$,则表明序列存在明显的趋势变化。按时间序列 x 的逆序 $x_n,x_{n-1},\cdots,x_1$,再重复上述过程,同时使 $UB_k = -UF_k$, $k = n,n-1,\cdots,1$, $UB_1 = 0$ 。

8.1.2　计算与分析

8.1.2.1　珠江口最高洪潮水位的趋势分析

由图 8-1 和表 8-1 可以看出珠江口最高洪潮水位有明显的增高趋势,大于 2 m 的最高洪潮水位发生的频率也明显增加。灯笼山站进入 21 世纪最高洪潮位比 20 世纪 60 年代增加量超过 60 cm,这个数值比平均年最高洪潮水位的升幅大得多。磨刀门灯笼山站最

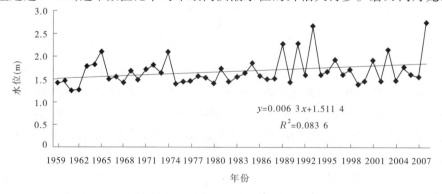

$$y=0.006\ 3x+1.511\ 4$$
$$R^2=0.083\ 6$$

图 8-1　灯笼山站 1959～2008 年最高洪潮水位

高洪潮水位系列的线性回归模型为 $y = 0.006\ 3x + 1.511\ 4$,增加幅度为 $6.3\ mm/a$。

表 8-1　1959～2008 年灯笼山站最高洪潮水位记录

年份	最高洪潮水位(m)	出现日期(月-日)		出现时间（时:分）
		公历	农历	
2008 年	2.74	09-24	08-25	03:00
1993 年	2.65	09-17	08-02	11:10
1989 年	2.28	07-18	06-16	08:00
1991 年	2.28	07-24	06-13	08:40
2003 年	2.14	07-24	06-25	06:10
1965 年	2.11	07-15	06-17	10:10
1974 年	2.09	07-22	06-04	10:25

　　横门站是东部口门的代表站,最高洪潮水位的变化趋势如图 8-2 所示。由图 8-2 和表 8-2 也可以看出珠江口最高洪潮水位增高趋势较明显,大于 2 m 的最高洪潮水位发生的频率也明显增加,并且多数发生在朔、望天文大潮前后,所以台风叠加天文大潮引起的强风暴潮是导致最高洪潮水位的重要原因。横门站进入 21 世纪最高洪潮位比 20 世纪 60 年代增加了 65 cm,这个数值比平均年最高洪潮水位的升幅大得多。横门站最高洪潮水位系列的线性回归模型为 $y = 0.005\ 8x + 1.680\ 8$,增加幅度为 $5.8\ mm/a$。

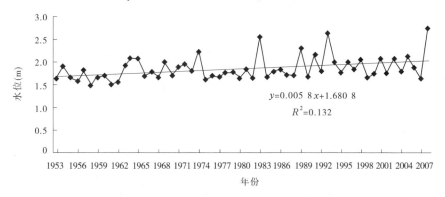

图 8-2　横门站 1953～2008 年最高洪潮水位

　　珠江口代表站最高洪潮水位的累积距平曲线(见图 8-3)显示,20 世纪 50 年代末期到 80 年代初期累积距平曲线呈下降趋势,80 年代末期以来呈上升趋势。灯笼山站和横门站累积距平曲线在 20 世纪 80 年代有明显的转折,从曲线明显的上下起伏可以诊断出发生突变的大致时间为 20 世纪 80 年代初期。

表 8-2　1953~2008 年横门站最高洪潮水位记录

年份	最高洪潮水位(m)	出现日期(月-日)		出现时间(时:分)
		公历	农历	
2008 年	2.73	09-24	08-25	04:10
1993 年	2.62	09-17	08-02	12:15
1983 年	2.54	09-09	08-03	11:15
1989 年	2.30	07-18	06-16	09:55
1974 年	2.22	07-22	06-04	12:45
1991 年	2.14	07-24	06-13	09:20
2005 年	2.11	06-24	05-18	11:05
1964 年	2.08	05-28	04-17	11:00
1965 年	2.06	07-15	06-17	10:50
2001 年	2.06	07-06	05-16	11:25
2003 年	2.06	07-24	06-25	07:00
1998 年	2.04	06-26	05-03	11:10

(a)灯笼山站

(b)横门站

图 8-3　珠江口代表站最高洪潮水位的累积距平曲线

经过线性回归法和累积距平法分析,以 1980 年为界,可以把珠江口代表站最高洪潮水位分为两段分别进行非参数 M-K 趋势检验。表 8-3 数据显示,灯笼山站和横门站最高洪潮水位序列都具有上升趋势,但是横门站的上升趋势比灯笼山站的更显著;1959~2008年灯笼山站最高洪潮水位序列的趋势检验值为 1.90,上升趋势明显,通过了 95% 的显著性检验,而 1959~1979 年和 1980~2008 年呈不显著上升趋势。1953~1979 年和 1953~2008 年横门站最高洪潮水位序列的趋势检验值分别为 3.86 和 4.09,显著上升,通过了99% 的显著性检验,1980~2008 年横门站趋势检验值为 1.50,通过了 90% 的显著性检验,上升趋势较明显。

表 8-3　珠江口代表站最高洪潮水位序列的 M-K 统计值

时间	灯笼山站	横门站
1953~1979 年	0.76	3.86
1980~2008 年	0.88	1.50
1953~2008 年	1.90	4.09

注:灯笼山站为 1959~2008 年数据。

8.1.2.2　珠江口最高洪潮水位的突变识别

利用 M-K 法对灯笼山站和横门站最高洪潮水位序列进行突变检验(见图 8-4),结果表明,灯笼山站和横门站最高洪潮水位变化趋势相似;灯笼山站 1963 年、横门站 1964 年以来 $UF > 0$,最高洪潮水位呈上升趋势,灯笼山站 1993~1998 年、横门站 1993~2008 年呈显著增加趋势,通过了 95% 的置信度检验,表明最高洪潮水位序列上升趋势是十分显著的;根据 UF 和 UB 曲线交点的位置,确定最高洪潮水位序列在 20 世纪 90 年代初期以来的上升是突变现象,灯笼山站约从 1981 年开始发生突变,而横门站发生突变的时间约是 1983 年,突变都开始于 20 世纪 80 年代初期,与累积距平分析较吻合。

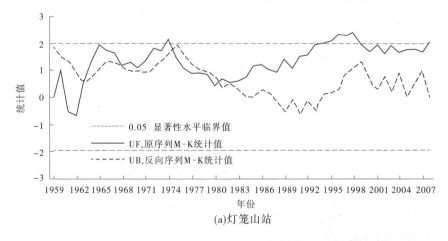

(a)灯笼山站

图 8-4　珠江口代表站最高洪潮水位序列的 M-K 法检测结果

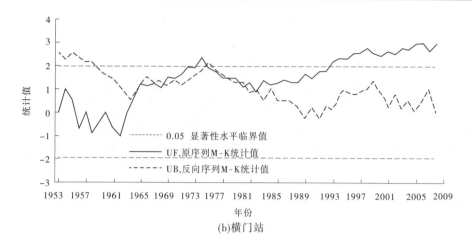

(b)横门站

续图8-4

图8-5显示,闸坡站海平面自20世纪70年代以来呈上升趋势,20世纪90年代中期以来发生了明显的突变,突变开始于1989年左右,图8-4与图8-5进行比较分析,可以看出灯笼山站和横门站最高洪潮水位变化趋势与闸坡站海平面变化较一致,说明海平面上升对珠江口代表站最高洪潮水位有明显影响;珠江口代表站最高洪潮水位同时还受河道来水的影响。从图8-6可以看出,马口站最大流量在1970~2006年也呈上升趋势,说明其对珠江口代表站最高洪潮水位的上升趋势也有影响,但是由图8-7看出,马口站最大流量的M-K统计曲线与珠江口代表站最高洪潮水位变化序列的统计曲线有较大差异,马口站最大流量在20世纪80~90年代呈下降趋势。因此,海平面上升对珠江口代表站最高洪潮水位变化趋势的影响大于最大流量的影响。

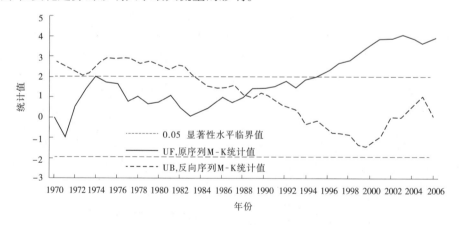

图8-5 闸坡站海平面变化序列的M-K法检测结果

因此,通过线性回归法、累积距平法、M-K法等,对珠江口代表站灯笼山站和横门站最高洪潮水位进行了综合分析,得出以下结论:

(1)20世纪50年代以来珠江口代表站灯笼山站和横门站最高洪潮水位系列具有显著上升趋势,并且横门站上升趋势比灯笼山站更明显。

(2)珠江口代表站最高洪潮水位序列在20世纪90年代初期以来的上升属于突变现

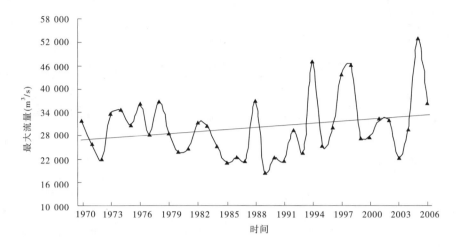

图 8-6　马口站年最大流量变化过程

图 8-7　马口站年最大流量变化序列的 M-K 法检测结果

象,灯笼山站约从 1981 年开始发生突变,而横门站发生突变的开始时间约为 1983 年。

(3)海平面变化和河道来水对珠江口代表站灯笼山站、横门站最高洪潮水位有明显影响,海平面上升对珠江口代表站最高洪潮水位变化趋势的影响大于最大流量的影响。

8.2　珠江口代表站最高洪潮水位的预估

通过前面分析,20 世纪 70 年代以来,十年珠江口灯笼山站、横门站最高洪潮水位和附近闸坡站海平面都具有明显的上升趋势,并且最高洪潮水位增加幅度大于海平面的上升幅度(见图 8-8 和表 8-4)。表 8-4 统计资料显示,在 1970～1989 年灯笼山站最高洪潮水位和闸坡站海平面增加的幅度大于 1990～2006 年,横门站最高洪潮水位增幅变化不大,可以看出海平面上升是引起最高洪潮水位高度增加的重要原因,灯笼山站最高洪潮水位在 1990～2006 年增幅有所减小,估计与磨刀门水道挖沙比较严重、河床下切有一定的关系。IPCC 评价报告引述的前人成果表明,在伦敦、汉堡以及加尔各答与吉大港所在的孟加拉湾等沿海地区,2050 年若全球海平面上升 20 cm,2040～2060 年间 50 年一遇的极端增水净增加值将为 0.5 m。

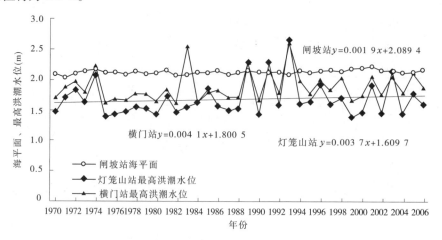

图 8-8　最高洪潮水位与海平面变化对比图

表 8-4　不同时段最高洪潮水位与海平面的平均变化

年份	闸坡站平均海平面（m）	闸坡站海平面上升幅度（mm/a）	灯笼山站平均最高洪潮水位（m）	灯笼山站最高洪潮水位增长幅度（mm/a）	横门站平均最高洪潮水位（m）	横门站最高洪潮水位增长幅度（mm/a）
1970～1989 年	2.11	2.4	1.63	5.2	1.84	4.8
1990～2006 年	2.14	1.3	1.78*	1.6*	1.93	5.0

注：* 利用 1990～2008 年数据统计得出。

据统计,珠江三角洲河口区灯笼山站 20 年一遇的洪潮水位为 2.14 m,50 年一遇的洪潮水位为 2.34 m,百年一遇的洪潮水位为 2.48 m。中长尺度的变化,会因各种影响因素而变得复杂。由表 8-5 看出,在海平面上升 20 cm、30 cm 和 60 cm 的情景下,对 2050 年珠江口灯笼山站 50 年一遇的最高洪潮水位进行了预估,预估值分别为 3.04 m、3.14 m 和 3.44 m,与其预测结果较一致。也说明近 50 年随着全球变暖,海平面上升,导致最高洪潮水位显著增大。

表 8-5　灯笼山站 2050 年最高洪潮水位预估

类别	50 年一遇的最高洪潮水位 X_1（m）	2050 年海平面上升预测值 X_2（m）	海平面上升 0.2 m 时 50 年一遇的最高洪潮水位增水经验值 X_3（m）	2050 年 50 年一遇最高洪潮水位预估值 $Y = X_1 + X_2 + X_3$（m）
I	2.34	0.2	0.5	3.04
II	2.34	0.3	0.5	3.14
III	2.34	0.6	0.5	3.44

统计显示,珠江三角洲河口区横门站 20 年一遇的洪潮水位为 2.30 m,50 年一遇的洪

潮水位为2.49 m,百年一遇的洪潮水位为2.63 m。在海平面上升20 cm、30 cm和60 cm的情景下,对2050年珠江口横门站50年一遇的最高洪潮水位进行了预估,预估值分别为3.19 m、3.29 m和3.59 m,见表8-6。三角洲河口地区洪潮水位的变化还受其他因素的影响,珠江口地区地质构造沉降速率约1.5 mm/a(李平日等,2002)。黄镇国等(2000)学者认为珠江三角洲平原地面沉降速率一般为1.5~2.0 mm/a,按40年计相对海平面上升幅度为6~8 cm。如果再考虑地面沉降、河口延伸、波浪叠加、河道地形、联围筑闸等因素的影响,最高洪潮水位可能更高,危险将会更大。

表8-6 横门站2050年最高洪潮水位预估

类别	50年一遇的最高洪潮水位 X_1(m)	2050年海平面上升预测值 X_2(m)	海平面上升0.2 m时50年一遇的最高洪潮水位增水经验值 X_3(m)	2050年50年一遇最高洪潮水位预估值 $Y = X_1 + X_2 + X_3$(m)
Ⅰ	2.49	0.2	0.5	3.19
Ⅱ	2.49	0.3	0.5	3.29
Ⅲ	2.49	0.6	0.5	3.59

最高洪潮水位对珠江三角洲河口地区的社会经济发展存在潜在威胁,目前还有逐步上升的明显趋势。海平面上升是影响河口区最高洪潮水位变化的重要因素之一。本研究在分析珠江口代表站的历年最高洪潮水位的长期变化趋势特点的基础上,对最高洪潮水位系列进行回归模型分析。在对珠江口地区海平面上升进行预测的基础上,预估了西四口门代表站灯笼山站及东四口门代表站横门站在2050年50年一遇的最高洪潮水位,在海平面上升20 cm、30 cm和60 cm的情况下,灯笼山站最高洪潮水位的预估值分别为3.04 m、3.14 m和3.44 m,横门站最高洪潮水位的预估值分别为3.19 m、3.29 m和3.59 m。在考虑工程费用的基础上,建议有关水利规划部门在制定河口区的防洪水位标准时,选取Ⅰ模型预估的洪潮水位值,灯笼山站为3.04 m,横门站为3.19 m,根据洪潮水位的演变趋势做相应的调整,以适应珠江口地区洪潮水位存在上升变化趋势的实际情况。

8.3 海平面上升对河口区水资源影响的适应对策

通过以上各个章节所述,海平面上升已属严峻的事实,是一种长期的、缓发性的海洋灾害,其长期积累的结果将对沿海地区特别是经济发达地区的社会稳定、经济发展带来严重影响。为了预防海平面上升带来的巨大危害,各国政府已采取措施,保护沿海地带。珠江口地区应及早采取必要的措施,防患于未然。只要采取合理的对策和防范措施,就可以有效控制和减轻海平面上升的不利影响。因此,必须采取有力措施应对海平面上升的潜在威胁,才能保障沿海地区人民生命财产安全和社会经济可持续发展。按照"回避、适应和保护"的基本原则,主要防治对策如下。

8.3.1 加强海平面上升的监控

我国珠江口海平面上升速度在加快,并存在时空差异性,目前沿海地区潮位观测站点少,且标准不一、基面不一,缺乏专门的海平面观测站,观测技术和设施设备都较落后等。应全面掌握海平面上升对珠江口水安全的综合影响,科学评估海平面上升的致灾程度;在珠江口建立专门的海平面变化观测站,同时增加潮位观测站,尽快建成自主体系的海平面监控系统;充分利用先进的遥感技术加强对海平面上升的监控。积极研究海平面上升的影响机制是保障区域水资源可持续发展的战略要求,积极开展自然环境与社会经济影响的多学科合作研究,加强海平面上升及其影响研究的国内外交流与合作,能大大提高预测精度和研究成果的实用性。为了防御海平面上升的危害,必须首先掌握海平面上升的趋势和动态,加强海平面上升问题的研究,加强海平面监测,完善监测系统;加强卫星测高数据和验潮站数据的对比研究;建立全国和区域性海平面上升影响评价系统,提高灾害预警预防能力,从而做到有目的、有步骤地预防海平面上升危害。同时进一步探讨绝对海平面上升、相对海平面上升及其趋势预测的理论方法,并提高预测精准度。

8.3.2　预防沿海风暴潮加剧

海平面上升将使潮位特征值全面升高,使风暴潮的重现期缩短,海平面上升会再叠加风暴潮增水,加剧沿海洪涝灾害。为了分析潮位代表站的潮位特征值与海平面高度的相关关系,界定海平面上升对潮位特征值变化的贡献,揭示海平面上升影响下风暴潮演变规律,做到提前预警、预防,减轻风暴潮导致的洪涝灾害等。应构建海平面上升影响下潮位特征值和潮位重现期响应模型,识别潮位特征值以及潮位重现期的变化规律;在充分考虑海平面上升影响的基础上,修订应急预案,建立预警系统;参照未来海平面上升的幅度,提高工程基准面,提高设计潮位,加大设计波高等;筹资兴建预防风暴潮的堤围、水闸等工程。海平面上升将使潮位特征值全面升高,而且在现状风暴潮潮位的基础上,使潮位重现期缩短,如无相应的防灾措施,必将加剧风暴潮灾害。建议关于风暴潮对洪潮水位的影响,按海平面上升的不同幅度,从不同流量级、洪水期不同频率洪水、典型年洪潮组合等对高潮水位的影响幅度来加以分析。

8.3.3　防治咸潮上溯

珠江口咸潮上溯灾害日益突出,海平面上升使得枯水期河口地区高潮时咸潮上溯的距离更深远,咸度超标时间增多,水资源的供需矛盾加剧,严重影响了珠江口地区供水安全。为了积极开展珠江三角洲地区城市的供水规划,调整城市供水布局,实现流域统一科学的水量调度,确保沿海地区枯水期的供水安全,需增设咸潮自动化监测站,构建完整的监测网,以便快速接收实时咸情,积累更全面可靠的基础数据,做更深入细致的咸潮规律分析,从而科学地指导抢淡蓄水和春耕生产;利用网络实时公布咸情、水情及水库水位,科学分析咸情和供水形势,构建咸潮减灾监测预报预警系统,确保把握抢淡时机;立足于流域水源优化布局和水资源的合理配置;打破行政区界限,实现区域一体化布局水源地,积极开展三角洲城市群供水规划与布局;尽早实施对压咸潮起关键作用的水利枢纽工程,加强流域水资源的联合调度,对边滩与河涌蓄淡以及口门建闸等工程措施应抓紧开展研究论证。上游水利工程尤其是蓄水工程的实施会导致下泄泥沙减少、河口区沉积速率下降、河床冲刷加剧、河口延伸减缓、海平面相对上升增加、咸潮上溯影响加大,也应引起高度重视。此外,解决咸潮上溯问题,还必须严厉打击非法采砂,维持河流的生态平衡。

8.3.4　防治沿海地区的地面沉降

不合理开采地下水是地面沉降导致沿海地区相对海平面上升的主导因素。沿海城市建筑荷载是地面沉降的另一重要因素。因为地面沉降是沿海地区相对海平面上升的主导因素,防治不合理开采地下水所导致的地面沉降十分重要。应对地下水资源做出全面、科学的评价,全面地制订地下水资源持续利用规划,科学地提出产业结构布局、调整及经济、社会发展政策等有关建议。不断完善地下水资源经济和政策管理体系,做好地下水资源的综合开发和利用。这是解决沿海地区"资源型"缺水、"工程型"缺水及减轻洪灾的有效途径。利用"3S"技术和网络技术对地下水开采和人工回灌进行调整与优化设计,使地面沉降防治及地下水资源保护达到最佳状态。此外,在珠江口地区,应继续严格控制和规划地下流体(石油、天然气等)的开采,并在沿海地区控制密集型高层建筑群的建设,以有效控制地面沉降,减缓海平面上升速度。

8.3.5　重新核定海平面上升条件下的沿海防洪除涝标准

全球变暖背景下,海平面上升加强了对沿海地区洪涝灾害极端事件的频率和强度的影响;珠江沿海堤防工程大多标准较低,几乎每年都有风暴潮灾害发生,造成重大经济损失和人员伤亡。在考虑海平面(特别是相对海平面)上升幅度的基础上,应重新校订沿海区防洪、防风暴潮的标准,使其更符合沿海区防洪除涝的要求,确保沿海经济和人民生命财产的安全。珠江沿海堤防工程大多标准较低,潮灾造成重大经济损失和人员伤亡。为了确保沿海经济和人民生命财产的安全,应对现有工程标准做适当调整。建议沿海的工程设计标准中的重现期水位(重点考虑 50 年和 100 年一遇)应加上未来海平面上升的预测值。沿海各级政府在近海防洪除涝工程项目的建设和经济开发活动中,应充分考虑海平面上升的影响。为了提高城镇排水及防洪排涝设计标准,要加强城市规划,整治河流,提高河道的排水能力,并在出水口修建水闸和抽水设备,提高防护堤、下水管道、道路等建筑物的基础设计和标高,以适应海平面上升引起的变化。因不同地区海平面上升幅度以及自然与社会经济条件不同而有差异,各地区采取的预防措施也应有差别。

8.3.6　增强人们控制海平面上升的意识

海平面上升已属严峻的事实,是一种长期的、缓发性的海洋灾害,其长期积累的结果将对沿海地区特别是经济发达地区的社会稳定、经济发展带来严重影响,不能以为小的时间尺度内海平面上升量很小而轻视其危害性。要通过各种媒介渠道广泛宣传海平面上升及其带来的危害,增强各级政府、全社会对海平面上升影响的意识。21 世纪海平面加速上升将成为我国沿海地区面临的主要自然灾害之一,河口进行重大工程建设时,必须有意识地把未来海平面上升作为一个重要因子来考虑。

8.3.7　加大节水治污一体化建设

为解决连续枯水年缺水问题,必须将节约用水作为一个重要的手段来平衡供需矛盾。

按照 2011 年中央一号文件和广东省 9 号文件最严格水资源管理"三条红线"要求,以用水定额控制、提高用水效率为核心,建立以用水和排污总量控制与定额管理相结合的管理制度。坚持开源与节流并重、节流优先的原则,把节约用水放在首位。同时,加大非常规的行政手段和经济手段。在提倡节水的同时,也要兼顾治污,结合"健康优美的水环境保护和生态建设体系"建设内容,提出从全区域、从污染源头和全过程控制出发的一体化水源地保护、污染物控制削减、污水处理等措施和实施方案。

8.3.8　加强河口区生态系统保护

利用多极化的 Envisat ASAR 和多角度的 Radarsat 雷达图像,对河口湿地系统建立湿地识别及类型划分、湿地动态监测、湿地植被生物量和水分状况的雷达遥感定量计算、湿地评价的专家系统。应有效地保护沿海湿地、滩涂、红树林、珊瑚礁等生态系统的恢复和重建,实施海岸带生态环境修复工程,保护滨海生态资源,提高自然防御能力。积极建设滨海湿地保护区网络体系,努力实现应对海平面上升的立体防御,这也是一项具有长远利益的有效措施。

8.3.9　强调水资源开发利用的一体化布局

在珠江三角洲地区水源地一体化布局、供排水通道一体化规划、管网一体化建设基础上,结合珠江三角洲地区水资源开发利用主要依靠入境水资源的特点,从流域、区域和地区三个层面统筹布局珠江三角洲地区水资源工程。流域层面上,从全流域优化布局、调度水资源工程角度出发,合理调配流域丰枯水年下泄流量,保障西北江三角洲三水 + 马口、东江博罗站压咸流量,重点确保枯水期珠江三角洲地区网河区供水安全,减轻或避免枯水期咸潮影响;区域层面上,在珠江三角洲地区水源地一体化布局、供排水通道统一规划和区域供水管网一体化建设基础上,通过适当修建部分区域性调蓄工程,提高珠江三角洲地区水资源开发利用效率;地区层面上,按照以供定需的水资源开发利用模式,通过适当兴建蓄、引、提、调等地表水资源工程和地下水资源工程,因地制宜综合利用中水、海水、雨洪资源等非传统水源,保障地区供水安全。

8.3.10　合理规划梯级开发

以开发水能为目的的流域水资源梯级开发,作为水资源开发的一种形式,它在实现众多经济目标的同时,也涉及复合生态环境系统的各个领域,包括对流域的生态环境带来诸如移民问题,以及由泥沙、河道、小气候和水坝导致生境变迁、地质灾害、溃坝等一系列不良影响。因此,必须从流域自然环境保护和生态环境承载能力的可持续发展要求分析,系统论证梯级电站对西江、北江和东江河道水生态、水环境的综合影响,科学提出各梯级电站优化调度方案,包括流域梯级的开发强度、调度方式等。

8.3.11　加快大藤峡水利工程的建设

大藤峡水利枢纽可控制西江径流,具备灵活的径流补偿调节能力,可满足西江中下游生态环境流量和珠江河口压咸流量的要求,面对未来海平面上升给珠江口水资源带来的诸多影响,从长远来看,大藤峡水利枢纽的建设对保障西江下游、澳门及西北江三角洲的供水安全具有重要的作用。并且,西江大藤峡水利枢纽具有显著的防洪、流域水资源配置、发电、航运、灌溉效益,是珠江流域综合治理的关键性控制工程。大藤峡水利枢纽对实行珠江骨干水库统一调度,确保澳门、珠海等三角洲地区饮水安全,促进经济发展和社会稳定有着重要的现实意义。建议有关部门共同努力,争取早日开工建设。

8.3.12 积极探索雨洪资源利用

雨洪资源的利用可以增加蓄水量、回灌地下水、缓解珠江口地区水资源供需矛盾,在流域防洪安全的前提下,积极探索实施雨洪资源的利用,建设雨洪资源利用的工程体系和非工程体系,增加水资源利用效率,并制定相应的风险防范措施。雨洪资源的合理利用将是珠江口应对海平面上升影响、实现社会经济可持续发展的新途径。

8.3.13 突出流域水资源的统一调度

从流域水资源统一调度角度,合理配置西江、北江、东江水资源,确立珠江三角洲地区水资源开发利用一体化总体格局。重点拓展西江水源,科学规划大型水资源调蓄调配工程,将西江上游大型水库联合统一调配作为重点,提高三角洲水资源调蓄能力,为珠江三角洲地区及粤西地区水资源保护和开发利用提供保障;提高北江水资源开发利用水平,为广州、佛山等市取水及建立应急备用水源创造条件;优化调整西北江三角洲供水布局,解决枯水期西北江三角洲网河区水质型缺水问题;实施东江流域水资源分配方案,调整新丰江、枫树坝、白盆珠三大水库功能以防洪供水为主,实施江库联合统一调配,增强调配能力。

8.3.14 加强国际科技合作

气候变化导致的海平面上升是全球共同面临的挑战,必须通过全球的广泛合作和共同努力才能解决。通过与美国国家海洋环境监测中心(NCEP)、德克萨斯(Texas)大学空间研究中心(UT/SCR)、气候变化专业委员会(IPCC)、全球变化的国际地圈 – 生物圈计划(IGBP)等组织积极合作,共享海平面上升观测数据等资料。

8.4 小 结

珠江口最高洪潮水位目前还有逐步上升的明显趋势。最高洪潮水位对经济发达的珠江口地区构成极大的威胁,给生活和建设带来不同程度的破坏和损失。海平面上升是影响河口区最高洪潮水位变化的重要因素之一。本章探讨了珠江口最高洪潮水位的变化规律,建立模型对珠江口最高洪潮水位进行了预估,在综合分析海平面上升对咸潮、潮水位等方面影响机制的基础上,提出了应对海平面上升对珠江口水资源利用影响的具体措施。主要研究结果包括:

(1)通过对代表站灯笼山站和横门站最高洪潮水位系列进行回归模型分析,得出增加幅度为 6.3 mm/a 和 5.8 mm/a。利用累积距平法、M-K 趋势检验法等对珠江口高洪潮水位系列和海平面变化序列进行了研究,发现最高洪潮水位变化趋势与闸坡站海平面变化较一致,说明海平面上升对珠江口代表站最高洪潮水位有明显影响;并且海平面上升对珠江口最高洪潮水位的影响大于河流最大流量的影响。

（2）在对珠江口地区海平面上升进行预测的基础上,建立模型预估了在 2050 年 50 年一遇的最高洪潮水位,在海平面上升 20 cm、30 cm 和 60 cm 的情景下,最高洪潮水位的预估值分别为 3.04 m、3.14 m、3.44 m(灯笼山站)和 3.19 m、3.29 m 和 3.59 m(横门站)。在考虑工程费用的基础上,建议有关水利规划部门在制定河口区的防洪水位标准时,选取 I 模型预估的洪潮水位值,灯笼山站为 3.04 m,横门站为 3.19 m,根据洪潮水位的演变趋势做相应的调整,以适应珠江口地区洪潮水位存在上升变化趋势的实际情况。

（3）气候变化导致的海平面上升给经济发达的珠江口地区的水资源利用带来了严峻威胁,为了预防海平面上升给水资源利用带来的巨大危害,提出了一些具体防治对策和措施:加强海平面上升的监控;预防沿海风暴潮加剧;防治咸潮上溯;防治沿海地区的地面沉降;重新核定海平面上升条件下的沿海防洪除涝标准等。

第 9 章　结论与展望

9.1　结　论

对海平面上升对河口区水资源影响问题进行研究不仅具有重要的理论意义,而且具有重要的实践意义。海平面上升问题的机制错综复杂,而且包括了许多暂时难以解决的非确定性因素。我国沿海地区,特别是三角洲地区是我国人口密集、城镇集中、经济高速发展的地区,成为我国未来海平面上升影响的主要脆弱区。本书在大量查阅国内外相关研究成果、系统分析海平面上升对河口区水资源影响问题的理论基础上,提出了海平面上升对河口区水资源影响问题的分析思路和方法,并重点以珠江口为例,进行了实证分析,获得了可靠、实用的成果。本研究取得的主要研究成果有:

(1)提出了珠江河口区咸潮上溯问题。珠江口是广东沿海受咸潮上溯影响的主要地区。每年的 10 月至次年 3 月,是珠江三角洲潮区咸潮上溯期,咸潮上溯与上游径流量、河口地貌、河道河床坡降、潮波强弱、水深、海平面上升等诸多因素有关。珠江三角洲地区虽然地表水丰富,但每当涨潮,咸潮上溯,水质咸化,导致咸潮期不能满足工农业生产和居民生活用水的需要。进入 21 世纪,伴随连续枯水年的出现,上游来水减少,海平面持续上升,咸潮上溯给珠江河口沿海区的澳门、珠海、中山、广州、东莞等重要城市(地区)供水造成了极大困难。

(2)20 世纪 60~80 年代海平面上升对珠江口咸度增大的影响不大。20 世纪 60~80 年代,珠海河口区代表站的年均咸度或月均咸度都呈减小趋势。其原因与径流量增加、口门海区淤积、河口延伸有关;流量大时咸度小,两者多数呈幂函数关系,讨论海平面上升对咸度的影响应考虑不同流量等级的条件;海平面不上升,流量增大则咸度减小,在相似流量条件下,海平面上升 0.2 m 或 0.25 m,月均涨憩咸度将增加 20%~40%,然而,20 世纪 60~80 年代珠江口代表站的年均咸度减小 30%~70%。由此可以认为,20 世纪 60~80 年代海平面上升使珠江口咸度增大的实际影响较小。但是 20 世纪 90 年代以来珠江三角洲河口区频频发生的咸潮上溯,影响强度越来越大,海平面上升对珠江口咸度增大的影响呈增加趋势。

(3)建立了一维动态潮流含氯度数学模型定量分析咸潮上溯问题。通过建立一维动态潮流含氯度数学模型计算所得的 250 mg/L 咸度界线和珠江水利委员会计算的 2004 年枯季咸潮上溯界线基本一致,说明一维动态潮流含氯度数学模型计算的咸潮上溯界线精度是可靠的。随着边界条件来水频率的增大,流量减小,咸潮上溯距离增大;同一来水频率条件下,随着海平面的上升,咸潮上溯界线明显向上游方向移动。同一海平面上升幅度条件下,咸潮上溯距离随着边界来水频率的增大而增大,咸潮上溯界线向上游方向移动显著。对咸潮上溯距离的计算显示,流量减少,咸潮上溯距离增大,两者呈指数关系,海平面上升后亦如此;在同一级流量条件下,海平面上升使咸潮上溯距离增大。模型计算结果和学者李平日、黄镇国、李素琼等利用伊本(Ippen)和哈里曼(Harleman)(落憩模型)或赛维真(Savenije)模型(涨憩模型)计算的珠江口咸潮上溯距离基本吻合。从实际调查结果看,计算结果合理。

(4)分析了海平面上升对珠江口潮水位的影响。在对珠江三角洲潮水位演变规律做了较全面分析的基础上,进一步研究了河口区海平面上升对水位的影响。灯笼山站年平均水位与海平面高度相关,通过灰关联法分析了灯笼山站年平均水位与海平面等8因素的灰色关联关系,结果显示海平面变化对年平均水位的灰关联度为0.736,说明海平面变化与年平均水位的关系密切,对其贡献率也较大。进一步选取灰关联度较大的(马+三)流量、闸坡站海平面等6个指标利用主成分分析法进行研究,得到第一主成分为径流潮汐作用,第二主成分的代表因素为海平面上升,第三主成分的代表因素为年最高水位;以海平面为代表的第二主成分对年平均水位的贡献率约为20%,可见海平面上升对河口区水位的影响虽然弱于径流潮汐作用,但也有显著影响。

利用层次聚类分析法把所选14个代表站分为4类,其中第1类中的马口站和三水站的年平均水位、最高水位和最低水位都有明显的下降趋势,三水站主要受采砂等所引起的河床下切影响;马口站水位下降主要受河床下切和来水减少的重要影响;海平面上升对马口站和三水站水位的影响较小。对层次聚类分析的第2类、第3类代表站流量对水位的影响大于海平面上升对水位的影响,有不少代表站水位有较明显的下降趋势,采砂也有重要关系,越近口门处海平面上升对水位的影响有增强趋势。第4类代表站中,海平面上升与水位的关系密切。因此,越靠近沿海地带,水位受海平面上升的影响越大。

(5)对海平面上升影响下的珠江口最高洪潮水位进行了预估。构建模型对珠江口最高洪潮水位进行了预估,西四口门代表站灯笼山站及东四口门代表站横门站在2050年50年一遇的最高洪潮水位,在海平面上升20 cm、30 cm和60 cm的情况下,灯笼山站最高洪潮水位的预估值分别为3.04 m、3.14 m和3.44 m,横门站最高洪潮水位的预估值分别为3.19 m、3.29 m和3.59 m。

(6)全球气候变暖导致了海平面的加速上升,海平面上升是一种长期的、缓慢的过程,但长期的积累又足以对河口区水资源产生巨大的影响,进一步影响沿海社会经济的可持续发展,给人民的生活环境带来多方面的严重影响,已引起全世界各界的高度关注。因此,必须高度重视气候变化导致的海平面上升对珠江口水资源的影响研究,人类要逐步调整自己的行为,以"回避、适应和保护"的基本原则,加强海平面上升的监控、预防沿海风暴潮加剧、防治海平面上升影响下的咸潮上溯、防治沿海地区的地面沉降、重新核定海平面上升条件下的沿海防洪除涝标准等,使海平面上升对河口区水资源的不良影响控制在最低。

9.2　不足与展望

本研究对海平面上升对珠江口水资源的影响方面做了初步探讨,由于问题极其复杂,限于作者水平和数据等客观条件,与科学全面地回答此问题还存在很大差距和不足。为

此,需要进一步深入研究和探讨的关键的科学问题有:

(1)气候变化背景下海平面上升对珠江口水资源影响的时空变异特征。

(2)海平面上升与珠江口水资源的相互关系与作用机制,这是保障区域水资源可持续发展的战略要求。

(3)气候变化背景下,海平面上升对珠江口水资源的时空分布格局、脆弱性、可持续性以及重大调水工程的影响,这是保障珠江口水资源安全的重要问题。

(4)全球变暖背景下,海平面上升对珠江口地区洪涝灾害极端事件的频率和强度的影响。

(5)海平面上升加剧了枯季咸潮的影响,上溯距离增加,给珠江口城乡供水带来巨大威胁。如何提前做好水资源的综合规划,积极筹建重大调水工程,保障供水安全。

参 考 文 献

[1] Anthes R A, Corell R W, Holland G, et al. Hurricanes and global warmingpotential linkages and consequences[J]. Bulletin of the American Meteorological Society, 2006,87: 623-628.

[2] Antonov J I, Levitus S, Boyer T P. Steric sea level variations during 1957-1994: Importance of salinity [J]. Journal of geophysical research, 2002, 107(C12):141-148.

[3] Azam M H, Samad M A, Kabir M. Effect of cyclone tract and landfall angle on the magnitude of storm surges along the coast of Bangladesh in the northern Bay of Bengal[J]. Coastal Engineering Journal, 2004,46(3):269-290.

[4] Backhaus J O. A semi-implict scheme for the shallow water equations for application to shelf sea modeling [J]. Continental Shelf Research, 1983(2): 243-254.

[5] Bahr D B, Dyurgerov M, Meier M F. Sea-level rise from glaciers and ice caps: A lower bound[J]. Geophysical Research Letters, 2009,36: L03501:4, doi:10.1029/2008GL036309.

[6] Barth M C, Titus J G. Greenhouse effect and sea level rise: a challenge for this generation[M]. New York: Van Nostrand Reinhold,1984.

[7] Bosello F, Ronson R, Richard. S J. Economy-wide Estimates of the Implications of Climate Change: Sea Level Rise[J]. Environmental and Resource Economics,2007, 37(3): 549-571.

[8] Bowden K F. Circulation, salinity and river discharge in the Mersey Estuary[J]. Geographical Journal of the Royal Astrophysical Society, 1966(10): 281-301.

[9] Bowden K F. The mixing process in a tidal estuary[J]. International Journal Air and Water Pollution, 1963(7): 344-356.

[10] Bruun P. Sea leavel rise as a cause of shore erosion[J]. Journal of Waterway, Port, Coast, and Ocean Engineering, ASCE,1962,88:117-130.

[11] Bryan B, Harvey N, Belperio T, et al. Distributed process modeling for regional assessment of coastal vulnerability to sea-level rise[J]. Environmental Modeling and Assessment, 2001,6(1): 57-65.

[12] Carton J A, Giese B S, Grodsky S A. Sea level rise and the warming of the oceans in the Simple Ocean Data Assimilation(SODA) ocean reanalysis[J]. J Geophys Res, 2005,110(C9006).

[13] Cazenave A, Nerem R S. Present-day sea level change: observation and causes[J]. Reviews Geophysics, 2004, 42(3):1-20.

[14] Chen X H, Xie D Y, Dou M, et al. Cadmium Transportation Modeling under Accident Release in Pearl River Delta Network[J]. Journal of Coastal Research,2008,52:3-12.

[15] Chen X, Zong Y. Major impacts of sea level rise on agriculture in the Yangtze delta area around Shanghai[J]. Applied Geography,1999,19(1):69-81.

[16] Chen Y D, Zhang Q, Xu C Y, et al. Change point alterations of extreme water levels and underlying causes in Pearl River Delta, China[J]. River Research and Applications,2009,25(9):1153-1168.

[17] Church J A, White N J, Hunter J R. Sea-level rise at tropical Pacific and Indian Ocean islands[J]. Global and Planetary Change, 2006,53(3):155-168.

[18] Church J A, White N J. A 20th century acceleration in global sea-level rise[J]. Geophys Res Lett, 33,

L01602, doi:10. 1029/2005GL024826,2006,33(1),L01602.

[19] Craft C, Clough J, Ehman J, et al. Forecasting the effects of accelerated sea-level rise on tidal marsh ecosystem services[J]. Front Ecol Environ, 2009,7(2): 73-78.

[20] Day J H. What is an estuary? [J]. South Africa Journal of Science, 1980(76): 198.

[21] Douglas B C. Global sea level change:determination and interpretation[J]. Rev Geophys Suppl,1995, 33:1425-1432.

[22] Douglas B C. Global sea level rise[J]. J Geophys Res, 1991,96(4): 6981-6992.

[23] Douglas B C. Global sea rise:a redetermination[J]. Surveys in Geophysics, 1997,18(2-3):279-292.

[24] Emanuel K A. Increasing destructiveness of tropical cyclones over the past 30 years[J]. Nature, 2005, 436(7051):686-688.

[25] Emanuel K A. The dependence of hurricane intensity on climate[J]. Nature, 1987,326(6112):483-485.

[26] Englebright S. Jamaica Bay: a case study of geo-environmental stresses[M]. New York:FEMA, 1997.

[27] Ericson J P, Charles J,Vörösmarty S, et al. Effective sea-level rise and deltas: Causes of change and human dimension implications[J]. Global and Planetary Change,2006,50(1-2):63-82.

[28] Ewel J J, Putz F E. A place for alien species in ecosystem restoration[J]. Frontiers in Ecology and the Environment ,2004, 2(7):354-360.

[29] Feenstra J F, Burton I, Smith J B, et al. Handbook on methods for climate change impact assessment and adaptation strategies [R]. Nairobi/Amsterdam: UNEP/Institute for Environmental Studies/Vrije Universiteit,1998.

[30] Flather R A. A storm surge prediction model for the Northern Bay of Bengal with application to the cyclone disaster in April 1991[J]. Journal of Physical Oceanography, 1994,24(1):172-190.

[31] F-Press. What I would advise a head of state about global change[J]. Earth Quest, 1989,3(2):1-2.

[32] Frazier T G, Wood N , Yarnal B, et al. Influence of potential sea level rise on societal vulnerability to hurricane storm-surge hazards, Sarasota County, Florida[J]. Applied Geography, 2010,30(4):490-505.

[33] Goor M A, Zitman T J, Wang Z B. Impact of sea-level rise on the morphological equilibrium state of tidal inlets[J]. Marine Geology, 2003,202(3):211-227.

[34] Gornitz V . Monitoring sea level changes[J]. Climatic change,1995,31(2-4):515-544.

[35] Gornitz V, Couch S, Hartig E K. Impacts of sea level rise in the New York City metropolitan area[J]. Global and Planetary Changes,2002,32(1):61- 88.

[36] Grigg N J, Ivey G N. A laboratory investigation into shear-generated mixing in a salt wedge estuary[J]. Geophysical and Astrophysical Fluid Dynamics, 1997, 85(1-2): 65-95.

[37] Grinsted A, Moore J C, Jevrejeva S. Reconstructing sea level from paleo and projected temperatures 200 to 2100 AD[J]. Clim. Dyn,2009,34(4): 461-472.

[38] Han W, Webster P J. Forcingmechanisms of sea level interannual variability in the Bay of Bengal[J]. Journal of Physical Oceanography, 2002,32:216-239.

[39] Hansen D V, Rattray M. New dimension in estuary classification[J]. Limnology and Oceanography, 1966,11(3): 319-326.

[40] Hansen J E. Scientific reticence and sea level rise[J]. Environ Res Lett, 2007,2(2):024002. doi: 10. 1088/1748-9326/2/2/024002.

[41] Haque C E. Atmospheric hazards preparedness in Bangladesh: a study of warning, adjustments and

recovery from the April 1991 cyclone[J]. Natural Hazards, 1997, 16(2-3):181-202.

[42] Harvard Medical School. Experts to warn global warming likely to continue spurring more outbreaks of intense hurricane activity[R]. 2004. http://www. ucar. edu/news/record/transcripts/hurricanes 102104. shtml July 8, 2006.

[43] Henderson-Sellers A, Zhang H, Berz G, et al. Tropical cyclones and global climate change: a post-IPCC assessment[J]. Bulletin of the American Meteorological Society, 1998,79:19-38.

[44] Houghton J T, Ding Y, Griggs D J, et al. Climate change 2001: The scientific basis[M]. Cambridge, UK: Cambridge University Press, 2001.

[45] Ichiyangl K, Yamanaka M D, Muraji Y, et al. Precipitation in N. Cpell between 1987 and 1996[J]. International Journal of Climatology, 2007, 15(2):245- 256.

[46] Ippen A T, Harleman D R F. One dimensional analysis of salinity intrusion in estuaries [R]. Mississippi: Technical Bulletin No. 5, Committee on Tidal Hydraulics. Waterways Experiment Station, Vicksburg, 1961.

[47] Jelesnianski C, Chen J, Shaffer W. SLOSH: Sea, lake, and overland surges from hurricanes [N]. NOAA Technical Report, NWS,1992:48.

[48] Karim M F, Mimura N. Impacts of climate change and sea-level rise on cyclonic storm surge floods in Bangladesh[J]. Global Environmental Change,2008(18):490-500.

[49] Klein R J, Nicholls R J. Assessment of coastal vulnerability to climate change[J]. Ambio 1999,28: 182-187.

[50] Kleinosky L, Yarnal B, Fisher A. Vulnerability of Hampton Roads, Virginia to storm-surge flooding and sea-level rise[J]. Natural Hazards, 2007,40(1):43-70.

[51] Kong L, Chen X H. Problems and Sustainable Utilization Countermeasures of Water Resources in Guangdong, China[J]. Journal of Nanchang University (Engineering & Technology),2009, 31: 36-41.

[52] Kong L, Gao Z Y, Hu L H, et al. Extreme Flow Changes in the Delta of West River and North River, China[C]. Proceedings of the 5th International Yellow River Forum. 2015:360-365.

[53] Kont A, Jaagus J, Aunap R. Climate change scenarios and the effect of sea-level rise for Estonia[J]. Global and Planetary Change, 2003, 36:1-15.

[54] Kumar V S, Babu V R, Babu M T, et al. Assessment of Storm Surge Disaster Potential for the Andaman Islands[J]. Journal of Coastal Research,2008,24(2B):171-177.

[55] Lavery S, Donovan B. Flood risk management in the Thames Estuary looking ahead 100 years[J]. Philos T Roy Soc A,2005,363(1831):1455-1474.

[56] Leuliette E, Nerem R S, Mitchum G T. Calibration of Topex/Poseidon and Jason altimeter data to construct a continuous record of mean sea level change[J]. Mar Geod,2004,27(1-2):79-94.

[57] Lighthill J, Holland G, Gray W, et al. Global climate change and tropical cyclones[J]. Bulletin of the American Meteorological Society, 1994,75(11):2147-2157.

[58] Lowe J A, Gregory J M. The effects of climate change on storms surges around the United Kingdom[J]. Philos T Roy Soc A,2005,363(1831):1313-1328.

[59] Luo X L, Zeng E Y, Ji R Y, et al. Effects of in-channel sand excavation on the hydrology of the Pearl River Delta, China[J]. Journal of Hydrology,2007,343(3):230-239.

[60] Matthew J P, Cooper,Michael D,et al. The potential impacts of sea level rise on the coastal region of New Jersey,USA[J]. Climatic Change,2008,90(4):475-492.

[61] Mercado A. On the use of NOAA's storm surge model, SLOSH, in managing coastal hazardsd——the

experience in Puerto Rico[J]. Natural Hazards, 1994,10(3):235-246.

[62] Meselhe E A, Noshi H M. Hydrodynamic and salinity modeling of the Calcasieu-Sabine Basin[C]. World Water Congress, 2001:1-10.

[63] Michener W K, Blood E R, Bildstein K L, et al. Climate change,hurricanes and tropical storms, and sea level in coastal wetlands[J]. Ecol Appl, 1997,7(3):770-801.

[64] Minster J F, Brossier C, Philippe R. Variation of the mean sea level from TOPEX-POSEIDON data[J]. J Geophy Res, 1995, 100(c12):25135-25161.

[65] Minster J F, Cazenave A, Serani V, et al. Annual cycle in mean sea level from TOPEX/Poseidon and ERS-1: inference on the global hydrological cycle[J]. Global Planet Change, 1999,20(1):57-66.

[66] NCAR. Hurricanes and climate change: is there a connection? [R]NCAR staff notes monthly,October 2004. http://www. ucar. edu/communications/staffnotes/0410/hurricane. html last accessed 08. 07. 06.

[67] Nerem R S. Measuring global mean sea level variations using TOPEX/POSEIDON altimeter data[J]. J Geophy Res, 1995, 100(c12):25135-25151.

[68] Nicholls R J, Leatherman S P, Dennis K C, et al. Impacts and responses to sea-level rise: qualitative and quantitative assessments[J]. Journal of Coastal Research,1995, 14: 26-43.

[69] Nicholls R J, Wong P P, Burkett V R, et al. Costal systems and low-lying areas[C]//Parry M L, Canziani O F, Palutik of J P, et al. Climate Change 2007:Impacts, Adaptation and Vulnerability, IPCC WGII AR4. Cambridge University Press,Cambridge,2007:315-356.

[70] Overpeck J T, Otto-Bliesner B L, Miller G H, et al. Paleoclimatic evidence for future ice sheet instability and rapid sea-level rise[J]. Science, 2006,311:1747-1750.

[71] Peltier W R. Global sea level rise and glacial isostatic adjustment[J]. Global and planetary change, 1999, 20(2):93-123.

[72] Pfeffer W T, Harper J T, O'Neel S. Kinematic constraints on glacier contributions to 21st-century sea-level rise[J]. Science, 2008,321(5894):1340-1343.

[73] Phillips A G, Furlong M, Fekete E. Carbon's New Math to deal with globe warming,the first step is to do the numbers[J]. National Geographic, 2007,212(4):32-37.

[74] Pielke R A, Landsea C, Mayfield M, et al. Hurricanes and global warming[J]. American Meteorological Society, 2005,86(11):171-175.

[75] Pilkey O H, Cooper J A. Climate:Society and Sea Level Rise[J]. Science, 2004,303(5665): 1781-1782.

[76] Prandle D. Saline intrusion in partially mixed estuaries[J]. Estuarine, Coastal and Shelf Sci, 2003,59 (3):385-397.

[77] Pritchard D W. A study of the salt balance of a coastal plain estuary[J]. Marine Science,1954(13): 133-144.

[78] Pritchard D W. Salinity distribution and circulation in the Chesapeake Bay estuarine system[J]. Marine Reseach,1952(11):106-123.

[79] Pritchard D W. What is an estuary: physical viewpoint[C]. Washington: American Association for the Advanced Science,1967: 3-5.

[80] Rahmstorf S. A semi-empirical approach to projecting future sea-level rise[J]. Science,2006,315 (5810):368-370.

[81] Ringuelet R A. Ecologia Acuatica Continental[M]. Buenos Aires: Editorial Universitaria de Buenos Aires, 1962.

[82] Royer J F, Chauvin F, Timbal B, et al. A GCM study of the impact of greenhouse gas increase on the frequency of occurrence of tropical cyclones[J]. Climate Change, 1998,38(3):307-343.

[83] Rygel L, O'Sullivan D, Yarnal B. A method for constructing a social vulnerability index: an application to hurricane storm surges in a developed country[J]. Mitigation and Adaptations Strategies for Global Change, 2006, 11(3):741-764.

[84] Simmons H B, Brown F R. Salinity effects on estuarine hydraulics and sedimentation [C] // 13th Congress of the International Association for Hydraulic Research. The Association Press, 1969:311-325.

[85] Sivakumar B, Jayawardena A W, Fernando T M. River flow forecasting: use of phase-space reconstruction and artificial neutral networks approaches[J]. Journal of Hydrology,2002,265:225-245.

[86] Solomon S, Qin D, Manning M, et al. Climate Change 2007: Sum-mary for Policymakers, IPCC WG1 AR4[M]. Cambridge University Press, Cambridge, UK and New York,NY,USA,2007:1-18.

[87] Sugi M, Noda A, Sato N. Influence of the global warming on tropical cyclone climatology: an experiment with the JMA global climate model[J]. Journal of the Meteorological Society of Japan, 2002,80: 249-272.

[88] Tankens F. Detecting strange attractors in turbulence[J]. Lecture Notes in Mathematics,1981,898:366-381.

[89] Thieler E R, Hammar-Klose E S. National Assessment of Coastal Vulnerability to Sea-Level Rise: US Atlantic Coast[R]. U S G S. Open-File Report, 1999: 99-593.

[90] Titus J C. Rising seas, coastal erosion, and the takings clause: how to save wetlands and beaches without hurting property owners[J]. Md, Law Rev, 1998,57(4): 1279-1399.

[91] Trenberth K E. Uncertainty in hurricanes and global warming[J]. Science,2005,308(5729):1753-1754.

[92] Unnikrishnan A S, Kumar K R, Fernandes S E, et al. Sea level changes along the Indian Coast: observation and projections[J]. Current Science , 2006,90(3): 362-368.

[93] Valverde H R, Trembanis A C, Pilkey O H. Summary of beach nourishment episodes on the U. S. East Coast barrier islands[J]. J Coastal Res, 1999,15:1100-1118.

[94] Varekamp J C, Thomas E. Climate change and the rise and fall of sea level over the millennium[J]. EOS, Trans, Am Geophys Union, 1998,79(6):69, 74-75.

[95] Vivien P C, Ming X. Impacts of sea-level rise on estuarine circulation: An idealized estuary and San Francisco Bay[J]. Journal of Marine Systems,2014,139:58-67.

[96] Webster P J, Holland G J, Curry J A, et al. Changes in tropical cyclone number, duration and intensity in a warming environment[J]. Science, 2005,309(5742):1844-1846.

[97] WEN P, YAO Z M, YANG X L. An Effect Analysis of the Pearl River Emergency Water Transfer Project for Repelling Saltwater Intrusion and Supplementing Freshwater. Proceedings of the Second International Conference on Estuaries and Coasts[M]. Guangzhou:Guangdong Economy Press,2006.

[98] Wu S Y, Yarnal B, Fisher A. Vulnerability of coastal communities to sea-level rise: a case study of Cape May County, New Jersey,USA[J]. Climate Research, 2002,22:255-270.

[99] Xiong L, Guo S. Trend test and change-point detection for the annual discharge series of the Yangtze River at the Yichang hydrological station[J]. Hydrological Sciences Journal, 2004,49(1):99-112.

[100] Yohe G, Neumann J. Planning for sea level rise and shore protection under climate uncertainty[J]. Clim Change, 1997,37(1):243-270.

[101] Yu Y F, Yu Y X, Zuo J C, et al. Effect of sea level variation on tidalcharacteristic values for the East

China Sea[J]. China Ocean Engineering, 2003,17(3):369-382.

[102] Zhang Q, Xu C Y, Chen Y Q, et al. Spatial assessment of hydrologic alteration across the Pearl River Delta, China, and possible underlying causes[J]. Hydrology Process,2009,23(11): 1565-1574.

[103] 曾昭漩,李平日,刘南威. 珠江口海平面上升趋势与地壳运动[J]. 热带地理,1992,12(2):99-107.

[104] 陈俊鸿,黄大基,吴赤蓬,等. 三角洲感潮河段洪潮水位频率分析方法的初步研究[J]. 热带地理,2001,21(4):342-345.

[105] 陈梦熊. 关于海平面上升及其环境效应[J]. 地学前沿,1998,3(2):133-140.

[106] 陈奇礼,陈特固. 海平面上升对中国沿海工程的潮位和波高设计值的影响[J]. 海洋工程,1995,13(1):1-7.

[107] 陈水森,方立刚,李宏丽,等. 珠江口咸潮入侵分析与经验模型——以磨刀门水道为例[J]. 水科学进展, 2007,18(5):751-755.

[108] 陈特固,时小军,余克服. 近50年全球气候变暖对珠江口海平面变化趋势的影响[J]. 广东气象,2008(1):1-35.

[109] 陈特固,杨清书. 近几十年来珠江口海平面变化趋势的研究[R].中国科学院院士咨询报告总第1号,1994:53-61.

[110] 陈特固. 海平面变化及其对广东沿海环境的影响[J]. 广东气象,1998(3):44-45.

[111] 陈晓宏,陈永勤. 珠江三角洲网河区水文与地貌特征变异及其成因[J]. 地理学报,2002,57(4):429-436.

[112] 陈晓宏,张蕾,时钟. 珠江三角洲河网区水位特征空间变异性研究[J]. 水利学报,2004(10):36-42.

[113] 陈志恺. 全球变暖对水资源的影响[J]. 中国水利, 2007(8): 1-3.

[114] 程和琴,陈吉余. 海平面上升对长江口的影响研究[M].北京:科学出版社,2016.

[115] 邓聚龙. 灰色系统理论教程[M]. 武汉:华中理工大学出版社,1990

[116] 丁晶,邓育仁. 随机水文学[M]. 成都:成都科技大学出版社,1988.

[117] 董文,张新,池天河. 基于3D-GIS的海平面上升预测模拟及影响分析系统[J]. 自然灾害学报,2010, 19(2): 85-90.

[118] 杜碧兰,田素珍,禹军. 海平面上升对珠江三角洲地区影响及对策初探[J]. 海洋预报,1995,12(4):1-8.

[119] 杜凌. 全球海平面变化规律及中国海特定海域潮波研究[D]. 青岛:中国海洋大学,2005.

[120] 段永候. 我国地面沉降研究现状与21世纪可持续发展[J]. 中国地质灾害与防治学报,1998,9(2):1-8.

[121] 方畴军. 海平面上升对珠江三角洲盐水入侵的可能影响[D]. 广州:中山大学,1995.

[122] 冯光扬. 水文年内不均匀系数的计算[J]. 自然资源, 1991(3): 27-32.

[123] 傅立. 灰色系统理论及其应用[M]. 北京:科学出版社,1992.

[124] 高家镛,何照星. 我国近代海平面变化与沿岸地壳升降的关系[J]. 台湾海峡,1993,12(3):239-256.

[125] 高志刚. 平均海平面上升对东中国海潮汐-风暴潮影响的数值模拟研究[D].青岛:中国海洋大学,2008.

[126] 龚政. 长江口三维斜压流场及盐度场数值模拟[D]. 南京:河海大学,2002.

[127] 顾玉亮,乐勤. 长江口陈行水源地盐水入侵分析及预报[J]. 城市给排水,2004,18(2):19-20.

[128] 广东省水利厅. 西、北江下游及其三角洲网河河道设计洪潮水面线[C]. 2002.

[129] 国家海洋局. 中国海平面公报[EB/OL]. http://www.soa.gov.cn.

[130] 韩曾萃,潘存鸿,史英标,等. 人类活动对河口咸水入侵的影响[J]. 水科学进展,2008(12):15-16.

[131] 韩曾萃,尤爱菊,徐有成,等. 强潮河口环境和生态需水及其计算方法[J]. 水利学报,2006,37(4):395-402.

[132] 韩慕康. 渤海西岸平原海平面上升危害性评估[J]. 地理学报,1994,49(2):107-114.

[133] 胡昌新. 海平面上升与长江口盐水入侵距离的推算. 海平面上升对中国三角洲地区的影响及对策[M]. 北京:科学出版社,1994:241-245.

[134] 胡惠民,黄立人,杨国华. 长江三角洲及其邻近地区的现状地壳垂直运动[M]//中国气候与海面变化研究进展(一). 北京:科学出版社,1990:64-65.

[135] 胡振红,沈永明,郑永红,等. 温度和盐度分层流的数值模拟[J]. 水科学进展,2001,12(4):439-444.

[136] 黄昌筑. 长江口盐水入侵及其对河口拦门沙的作用[D]. 南京:河海大学,1982.

[137] 黄立人,胡惠民,杨国华. 渤海西、南岸的海面变化及邻近地区的现代地壳垂直运动[J]. 地壳变形与地震,1991(11)1:1-9.

[138] 黄立人,马青. 近几十年来的全球变化[J]. 海洋学报,1993,15(6):76-82.

[139] 黄锡荃,李惠明,金伯欣. 水文学[M]. 北京:高等教育出版社,2000:164-176.

[140] 黄新华,曾水泉,易绍桢,等. 西江三角洲的咸害问题[J]. 地理学报,1962,28(2):137-147.

[141] 黄镇国,张伟强,吴厚水,等. 珠江三角洲2030年海平面上升幅度预测及防御方略[J]. 中国科学(D辑),2000,30(2):202-207.

[142] 黄镇国. 广东海平面变化及其影响与对策[M]. 广州:广东科技出版社,2000.

[143] 姜建东,屈梁生. 相关维数在大机组故障诊断中的应用[J]. 西安交通大学学报,1998,32(4):27-31.

[144] 姜彤,苏布达,王艳君,等. 四十年来长江流域气温降水与径流变化趋势[J]. 气候变化研究进展,2005,1(2):65-68.

[145] 金相郁. 中国区域划分的层次聚类分析[J]. 城市规划汇刊,2004(2):23-28.

[146] 金元欢,孙志林. 中国河口盐淡水混合特征研究[J]. 地理学报,1992,47(2):165-173.

[147] 孔兰,陈俊贤,陈晓宏. 南方多沙河流水沙演变特征及水库的影响分析[J]. 水文,2012,32(4):49-53.

[148] 孔兰,陈俊贤. 多沙河流水沙年内分配特征研究[J]. 水力发电,2012,38(6):12-15.

[149] 孔兰,陈晓宏,陈栋为,等. 珠江三角洲水位演变分析[J]. 生态环境学报,2010,19(11):2642-2646.

[150] 孔兰,陈晓宏,杜建,等. 基于数学模型的海平面上升对咸潮上溯的影响[J]. 自然资源学报,2010,25(7):1097-1104.

[151] 孔兰,陈晓宏,杜建. 北部湾经济区干旱灾害风险评价[J]. 灌溉排水学报,2012,31(4):1-5.

[152] 孔兰,陈晓宏,刘斌,等. 咸潮影响下磨刀门水道取淡时机初探[J]. 水资源保护,2011,27(6):24-27.

[153] 孔兰,陈晓宏,彭涛,等. 珠江口最高洪潮水位的预估[J]. 人民长江,2010,41(14):20-22.

[154] 孔兰,陈晓宏,闻平,等. 2009/2010年枯水期珠江口磨刀门水道强咸潮分析[J]. 自然资源学报,2011,26(11):1858-1865.

[155] 孔兰,陈晓宏,张强,等. 海平面上升对珠江口水位影响的分析[J]. 生态环境学报,2010,19(2):390-393.

[156] 孔兰,陈晓宏. 珠江口潮水位年内变化特征识别[J].水资源保护,2013,29(2):6-9.

[157] 孔兰,陈晓宏.海平面上升的研究现状及其影响对策研究[J].人民珠江,2012,33(5):35-42.

[158] 孔兰,陈晓宏.珠江口咸潮影响因素分析[J].水资源保护,2015,31(6):94-97,134.

[159] 孔兰,蒋任飞,杨磊.西、北、东江水资源特性分析[J].中国农村水利水电,2017(7):120-123,128.

[160] 孔兰,谢江松,陈晓宏,等.珠江口最高洪潮水位的变化规律研究[J].水资源研究,2012,1(5):315-319.

[161] 孔兰.新丰江水库水资源综合利用存在问题初探[J].中国农村水利水电,2012(10):58-60.

[162] 匡翠萍.长江口盐水入侵三维数值模拟[J].河海大学学报,1997,25(4),54-59.

[163] 李从先.海平面上升对我国沿海低地的影响[J].地理科学发展,1993,8(6):26-30.

[164] 李德生,张兴.沿海油田防止地面沉降的问题——以天津市大港油田为例[M].北京:科学出版社,1994.

[165] 李加林,王艳红,张忍顺,等.海平面上升的灾害效应研究—以江苏沿海低地为例[J].地理科学,2006,26(1):87-93.

[166] 李静.珠江三角洲网河近20年河床演变特征分析[J].水利水电科技进展,2006,26(3):15-17,20.

[167] 李平日,方国祥,黄光庆.珠江三角洲的基本特征及海平面上升的影响[C]//海平面上升对中国三角洲地区的影响及对策.北京:科学出版社,1994:315-324.

[168] 李平日,方国祥.海平面上升对珠江三角洲经济建设的可能影响及对策[J].地理学报,1993,48(6):527-534.

[169] 李平日,黄国庆,王为,等.珠江口地区风暴潮沉积研究[M].广州:广东科技出版社,2002.

[170] 李平日,万国祥,黄光庆.海平面上升对珠江三角洲经济建设的可能影响及对策[J].地理学报,1993,48(6):527-533.

[171] 李平日.重新审视珠江三角洲海面升降问题[J].热带地理,2011,31(1):34-38.

[172] 李平日.珠江三角洲七千年来的海平面变化与未来海面上升对环境的可能影响[M].北京:科学出版社,1988:7-16.

[173] 李素琼,敖大光.海平面上升与珠江口咸潮变化[J].人民珠江,2000(6):41-44.

[174] 李响.中国沿海地区海平面上升风险评估与管理[M].北京:海洋出版社,2015.

[175] 李晓.潮汐河口盐水入侵垂直二维数值计算[D].南京:南京水利科学研究院,1990.

[176] 李艳,陈晓宏,张鹏飞.北江流域径流序列年内分配特征及其趋势分析[J].中山大学学报(自然科学版),2007(5):113-116.

[177] 李永平,秦曾灏,端义宏.上海地区海平面上升趋势的预测和研究[J].地理学报,1998,53(5):393-403.

[178] 林木隆,刘艳菊.从近年来珠江水量调度实践看统一立法的重要性[J].人民珠江,2008(5):1-4.

[179] 刘斌,孔兰,刘丽诗.基于主成分分析的磨刀门水道咸潮影响因素研究[J].人民珠江,2012,33(6):24-26.

[180] 刘晨,伍丽萍.海平面上升对珠江三角洲水资源的影响[J].海洋环境科学,1996,15(2):51-56.

[181] 刘德地,陈晓宏.基于偏最小二乘回归与支持向量机耦合的咸潮预报模型[J].中山大学学报(自然科学版),2007,46(4):89-92.

[182] 刘杜娟.相对海平面上升对中国沿海地区的可能影响[J].海洋预报,2004,21(2):21-28.

[183] 刘俊勇,张云,崔树彬.一维潮流与含氯度耦合数学模型及其应用[J].水资源保护,2006,25(3):6-10.

[184] 刘贤赵,李嘉竹,宿庆,等. 基于集中度和集中期的径流年内分配研究[J]. 地理科学, 2007(6): 791-795.

[185] 刘雪峰,魏晓宇,蔡兵,等. 2009 年秋季珠江口咸潮与风场变化的关系[J]. 广东气象,2010,32 (2):11-13.

[186] 陆永军,贾良文,莫思平,等. 珠江三角洲网河低水位变化[M]. 北京:中国水利出版社,2008.

[187] 罗小峰. 长江口水流盐度数值模拟[D]. 南京:南京水利科学研究院, 2003.

[188] 吕春花,孙清,董伟. 海平面上升对珠江三角洲经济和环境的可能影响及其防御措施[J]. 热带海洋,1996,15(3):14-20.

[189] 吕春花,孙清. 海平面上升对珠江三角洲经济环境和环境的可能影响及防御措施[R]. 国家海洋信息中心,1996.

[190] 马刚峰,刘曙光,戚定满. 长江口盐水入侵数值模型研究[J]. 水动力学研究与进展, 2006, 21 (1): 53-61.

[191] 马瑞. 东江三角洲盐水入侵对河道下切的响应规律研究[D]. 广州:中山大学,2008.

[192] 毛汉礼,甘子钧,兰淑芳. 长江冲淡水及其混合问题的初步探讨[J]. 海洋与湖沼, 1963, 5 (3): 183-204.

[193] 茅志昌,沈焕庭,黄清辉. 长江河口淡水资源利用与避咸蓄淡水库[J]. 长江流域资源与环境, 2001,10(1): 34-42.

[194] 茅志昌,沈焕庭,徐彭令. 长江河口咸水入侵规律及淡水资源利用[J]. 地理学报, 2000, 55 (2): 243-250.

[195] 茅志昌. 长江河口盐水入侵锋研究[J]. 海洋与湖沼, 1995, 26(6): 643-649.

[196] 缪启龙,周锁铨. 海平面上升对长江三角洲海堤、航运和水资源的影响[J].南京气象学院学报, 1999,22(4):626-630.

[197] 彭静,王浩,徐天宝. 珠江三角洲的经济发展与水文环境变迁[J]. 水利经济, 2005,23(6):5-7.

[198] 彭涛. 基于生态系统健康的汛期河口生态需水量研究——以海河流域典型河口为例[D]. 广州:中山大学, 2010.

[199] 乔新,陈戈. 基于年高度计数据的中国海海平面变化初步研究[J]. 海洋科学,2008,32(1):60-64.

[200] 钦佩,左平,何祯祥. 海滨系统生态学[M]. 北京:化学工业出版社, 2004:170-196.

[201] 秦大河,丁一汇,苏纪兰,等. 中国气候与环境演变[M]. 北京:科学出版社,2005.

[202] 秦大河,罗勇,陈振林,等. 气候变化科学的最新进展:IPCC 第四次评估综合报告解析[J]. 气候变化研究进展,2007, 3(6): 311-314.

[203] 秦大河. 气候变化:区域应对与防灾减灾[M]. 北京:科学出版社,2009:1-46.

[204] 曲辉,崔晓健,董文,等. 海平面上升模拟及其在数字海洋中的实现[J]. 海洋通报, 2009, 28 (4): 147-153.

[205] 任美锷. 海平面上升对中国三角洲地区的影响及对策[C]∥中国科学院院士咨询报告. 北京:科学出版社, 1994: 1-353.

[206] 任美锷. 黄河长江珠江三角洲近 30 年海平面上升趋势及 2030 年上升量预测[J]. 地理学报, 1993,48(5):385-392.

[207] 萨莫依诺夫. 河口演变过程的理论及其研究方法[M]. 谢金赞,等译. 北京:科学出版社,1958:1-5.

[208] 沈东芳,龚政,程泽梅,等. 1970～2009 年粤东(汕尾)沿海海平面变化研究[J]. 热带地理,2010, 30(5):461-465.

[209] 沈焕庭,茅志昌,朱建荣.长江河口盐水入侵[M].北京:海洋出版社,2003.

[210] 沈永明,胡振红,刘才广,等.温度和盐度分层流的二维应力—通量代数湍流模型[J].环境科学学报,2004,24(3):389-393.

[211] 施雅风,朱季文,谢志仁.长江三角洲及毗连地区海平面上升影响预测与防治对策[J].中国科学(D辑),2000,30(3):225-232.

[212] 时小军,陈特固,余克服.近40年来珠江口的海平面变化[J].海洋地质与第四纪地质,2008,28(1):127-134.

[213] 时小军,余克服,陈特固.南海周边中全新世以来的海平面变化研究进展[J].海洋地质与第四纪地质,2007,27(5):121-132.

[214] 宋美钰,王福,王宏.21世纪中叶天津沿海地区极端高水位趋势预测[J].地质通报,2008,27(6):829-836.

[215] 孙波.从珠江"压咸补淡"到"水量统一调度"的变化与思考[J].人民珠江,2008(5):5-7.

[216] 孙清,张玉淑,胡恩和,等.海平面上升对长江三角洲地区的影响评价研究[J].长江流域资源与环境,1997,6(1):58-63.

[217] 汤奇成,程天文,李秀云.中国河川月径流的集中度和集中期的初步研究[J].地理学报,1982,37(4):383-393.

[218] 汪丽娜,陈晓宏,李粤安,等.月径流时间序列的混沌特性分析[J].生态环境,2008,17(6):2436-2439.

[219] 王金星,张建云,李岩,等.近50年来中国六大流域径流年内分配变化趋势[J].水科学进展,2008(5):656-660.

[220] 王津,陈南,姚泊.珠江三角洲咸潮影响因子及综合防治综述[J].广东水利水电,2006(4):4-8.

[221] 王康发生.海平面上升背景下中国沿海台风风暴潮脆弱性评估[D].上海:上海师范大学,2010.

[222] 王钦德,冯锁江.关于SPearman系数计算公式的论证及应用[J].山西农业大学学报,1993,13(1):30-33.

[223] 王素萍,段海霞,冯建英.2009/2010年冬季全国干旱状况及其影响与成因[J].干旱气象,2010,28(1):107-112.

[224] 王文圣,金菊良,丁晶,等.水资源系统评价新方法——集对评价[J].中国科学(E辑:技术科学),2009,39(9):1529-1534.

[225] 王新功,徐志修,黄锦辉,等.黄河河口淡水湿地生态需水研究[J].人民黄河,2007,29(7):33-35.

[226] 王艳君,姜彤,施雅风.长江上游流域1961—2000年气候及径流变化趋势[J].冰川冻土,2005,27(5):709-714.

[227] 王义刚,朱留正.河口盐水入侵垂向二维数值计算[J].河海大学学报,1991,191(4):1-8.

[228] 王义刚.河口盐水入侵垂向二维数值计算[D].南京:河海大学,1989.

[229] 王颖,吴小根.海平面上升与海滩侵蚀[J].地理学报,1995,50(2):118-127.

[230] 王兆礼,陈晓宏,杨涛.东江流域径流序列年内分配特征研究[J].人民黄河,2011,33(2):37-39.

[231] 魏凤英.现代气候统计诊断预测技术[M].北京:气象出版社,1999.

[232] 温国平,程金沐.海平面上升对珠江三角洲城市排水和河流水质影响预测[J].热带地理,1993,13(3):202-205.

[233] 闻平,刘斌,杨晓灵.珠江三角洲咸潮入侵及数学模型研究[R].珠江水资源保护科学研究所,2007.

[234] 吴继伟,刘新成,潘丽红. 长江口北支咸潮倒灌控制工程水动力数值模拟[J]. 水利水电科技进展, 2006,26(4):43-45.

[235] 吴涛,康建成,李卫江,等. 中国近海海平面变化研究进展[J]. 海洋地质与第四纪地质,2007,27(4):123-130.

[236] 吴中鼎,李占桥,赵明才. 中国近海近50年海平面变化速度及预测[J]. 海洋测绘,2003,23(2):17-19.

[237] 夏军. 灰色系统水文学——理论、方法及应用[M]. 武汉:华中理工大学出版社,2000.

[238] 夏勇. 基于坐标分布熵的柴油机气阀故障诊断方法研究[J]. 内燃机学报,2003,21(5):279-284.

[239] 谢平,陈晓宏,王兆礼,等. 东江流域实际蒸发量与蒸发皿蒸发量的对比分析[J]. 地理学报, 2009, 64 (3): 270-277.

[240] 谢志强,孙波. 2009~2010 年珠江枯水期的水量调度[J]. 中国防汛抗旱, 2010,20(2):13-16.

[241] 谢志仁. 长江三角洲地区未来相对海面上升趋势的初步研究[C]//中国气候与海面变化研究进展(二). 北京:科学出版社,1992:79-80.

[242] 胥加仕,罗承平. 近年来珠三角咸潮活动特点及重点研究领域探讨[J]. 人民珠江, 2005(2): 21-23.

[243] 徐建华. 现代地理学中的数学方法[M].北京:高等教育出版社,2006:36-47.

[244] 徐宗学,张楠. 黄河流域近50年降水变化趋势分析[J]. 地理研究,2006,25(1):27-35.

[245] 许小峰,王守荣,任国玉,等. 气候变化应对战略研究[M]. 北京:气象出版社, 2006:24-27.

[246] 阎慈琳. 关于用主成分分析做综合评价的若干问题[M]. 北京:数理统计与管理, 1998, 17(2).

[247] 颜梅. 全球海平面变化的热力学机制研究[D]. 青岛:中国海洋大学. 2008.

[248] 杨桂山,施雅风. 海平面上升对中国沿海重要工程设施与城市发展的可能影响[J]. 地理学报, 1995,50(4):302-309.

[249] 杨桂山,施雅风. 中国沿岸海平面上升及影响研究的现状与问题[J]. 地球科学进展,1995,10(5):475-482.

[250] 杨莉玲. 河口盐水入侵数值模拟研究[D]. 上海:上海交通大学, 2007.

[251] 杨清书,罗宪林. 珠江口伶仃洋海平面变化趋势研究[J]. 地理科学,1999,19(2): 125-127.

[252] 杨清书,罗章仁,张修杰. 珠江三角洲近几十年水位变化趋势研究[J]. 热带海洋,1998,17(2):9-14.

[253] 杨远东. 河川径流年内分配的计算方法[J]. 地理学报, 1984, 39(2): 218-227.

[254] 叶宗裕. 主成分综合评价方法存在的问题及改进[J].统计与信息论坛,2004, 19(2).

[255] 易家豪. 长江口南水北调盐水模型计算研究[R]. 南京水利科学研究院, 1987.

[256] 尤爱菊. 强潮河口生态与环境需水及实现途径研究[D]. 南京:河海大学, 2007.

[257] 游大伟,汤超莲,陈特固,等. 近百年广东沿海海平面变化趋势[J].热带地理,2012,32(1):1-5.

[258] 于吉涛,陈子燊. 砂质海岸侵蚀研究进展[J].热带地理,2009,29(2):112-118.

[259] 于宜法,郭名克,刘兰. 海平面上升导致渤、黄、东海潮波变化的数值研究 I ——现有的渤、黄、东海潮波的数值模拟[J]. 中国海洋大学学报,2006,36(6):859-867.

[260] 于宜法,刘兰,郭明克. 海平面上升导致渤、黄、东海潮波变化的数值研究 II ——海平面上升后渤、黄、东海潮波的数值模拟[J]. 中国海洋大学学报,2007,37(1):7-14.

[261] 宇传华. SPSS 与统计分析[M]. 北京:电子工业出版社,2007:459-490.

[262] 詹道江,叶守泽. 工程水文学[M]. 北京:中国水利出版社,2006.

[263] 张超,杨秉赓. 计量地理学基础[M]. 北京:高等教育出版社,1991.

[264] 张建云,王国庆. 气候变化对水文水资源影响研究[M]. 北京:科学出版社,2007.

[265] 张锦文,杜碧兰. 中国黄海沿岸潮差的显著增大趋势[J]. 海洋通报.2000,19(1):1-9.

[266] 章伟明,史英标,李志永. 强潮河口上游建库引水对下游河床冲淤及盐度影响的研究[J]. 浙江水利科技,2006(4):46-53.

[267] 赵克勤. 集对分析及其初步应用[M]. 杭州:浙江科学技术出版社,2000:1-198.

[268] 赵克勤. 集对分析中联系数与不确定量[J]. 大自然探索,1997,16(2):91.

[269] 郑文振. 平均海平面若干问题的研究[J]. 海洋学报,1980,2(2):20-26.

[270] 郑文振. 我国海平面年速率的分布和长周期分潮的变化[J]. 海洋通报,1999,28(4):1-10.

[271] 郑文振. 全球和我国近海验潮站地点(和地区)的21世纪海平面预测[C]∥中国东部沿海地区海平面与陆地垂直运动. 北京:海洋出版社,1999:75-82.

[272] 郑铣鑫,武强,应玉飞,等. 中国沿海地区相对海平面上升的影响及地面沉降防治策略[J]. 科技通报,2001,17(6):51-55.

[273] 中国海湾志编纂委员会. 中国海湾志:第十四分册(重要河口)[M]. 北京:海洋出版社,1998:432-521.

[274] 中国科学院地学部. 海平面上升对沿海地区经济发展的影响与对策[M]. 北京:科学出版社,1994.

[275] 中科院广州分院,广东省科学院. 珠江三角洲经济区可持续发展重大问题研究报告[R]. 2000.

[276] 钟广法. 海平面变化的原因及结果[J]. 地球科学进展,2003,18(5):706-711.

[277] 周芬. Kendall检验在水文序列趋势分析中的比较研究[J]. 人民珠江,2005(增2):35-37.

[278] 周文浩. 海平面上升对珠江三角洲咸潮入侵的影响[J]. 热带地理,1998,18(3):25-29.

[279] 周子鑫. 我国海平面上升研究进展及前瞻[J]. 海洋地质动态,2008,24(10):14-18.

[280] 周作付,罗宪林,罗章仁,等. 近年珠江三角洲网河区局部河段洪水位异常壅高主因分析[J]. 热带地理,2001,21(4):319-322.

[281] 朱季文,季子修,蒋自龚,等. 海平面上升对长江三角洲及邻近地区的影响[J]. 地理科学,1994,14(2):109-117.

[282] 朱季文,毛锐. 海平面上升对太期下游地区洪涝灾害的影响[C]∥中国科学院地学部. 海平面上升对中国三角洲地区的影响及对策. 北京:科学出版社,1994:202-209.

[283] 朱建荣. 海洋数值计算方法和数值模式[M]. 北京:海洋出版社,2003.

[284] 朱三华,沈汉堃,林焕新,等. 珠江三角洲咸潮活动规律研究[J]. 珠江现代建设,2007(6):1-7.

[285] 诸裕良,严以新. 大江河口三维非线性斜压水流盐度数学模型[J]. 水利水运科学研究,1998(2):129-138.

[286] 祝中昊. 长江镇扬河段潮位预报相应水位法的改进[J]. 水文,2000(增刊):48-51.

[287] 左军成,陈宗镛,戚建华. 太平洋海域平均海平面变化的灰色系统分析[J]. 青岛海洋大学学报,1997,27(2):138-144.

[288] 左军成,陈宗镛,周天华. 海平面变化的一种本征分析与随机动态的联合模型[J]. 海洋学报,1996,18(2):7-14.